Über den Sicherheitsgrad von bewehrten und unbewehrten Betonkörpern, die auf zentrischen und exzentrischen Druck beansprucht werden

Unter Zugrundelegung der Versuche von C. Bach und O. Graf

(Forschungsarbeiten Heft 166—169)

Von der

Königl. Sächs. Technischen Hochschule zu Dresden

zur

Erlangung der Würde eines Doktor-Ingenieurs

genehmigte

DISSERTATION

Vorgelegt von

Dipl.-Ing. HEINRICH WOHLERS

aus Delmenhorst

Referent: Prof. Dr.-Ing. **Gehler**
Korreferent: Geh. Hofrat Prof. **Max Foerster**

Springer-Verlag Berlin Heidelberg GmbH
1918

ISBN 978-3-662-42812-2   ISBN 978-3-662-43094-1 (eBook)
DOI 10.1007/978-3-662-43094-1

Inhaltsverzeichnis.

	Seite
Kurzer geschichtlicher Rückblick	5
I. Allgemeines über das Spannungsgesetz	6
II. Das für die Versuchskörper gültige Spannungsgesetz	8
1. Die aus den Versuchsergebnissen der Zusammenstellung 22 und 23 ermittelten Spannungsgesetze für die Druck- und Zugelastizität der Betonprismen	9
2. Das aus den Versuchsergebnissen der Zusammenstellung 24 ermittelte parabolische Spannungsgesetz für die Druckelastizität der Betonkörper	11
3. Das aus den Versuchsergebnissen der Zusammenstellung 16 für zentrische Druckbelastung bewehrter Betonkörper ermittelte parabolische Spannungsgesetz für die Druckelastizität bewehrter Betonkörper	13
III. Allgemeine analytische Ermittelung der Nullinienlage, Beton- und Eisenspannungen bewehrter und unbewehrter Betonkörper symmetrischen Querschnitts bei exzentrischem Kraftangriff	15
1. Lage der Spannungsnullinie	16
2. Ermittelung der Beton- und Eisenspannungen	18
IV. Über den Sicherheitsgrad unbewehrter Betonkörper bei exzentrischem Kraftangriff	18
1. Analytische Ermittelung der Lage der Spannungsnullinie und der Betonspannung	18
a) mit Berücksichtigung der Betonzugspannungen	18
b) ohne Berücksichtigung der Betonzugspannungen	20
2. Der Kern des Querschnittes bei verschiedener Belastung	20
3. Die Größe des wirksamen Querschnittes zwischen der Rißbildungs- und Bruchbelastung	21
4. Vergleichende Zusammenstellung der analytisch ermittelten und aus den Versuchen sich ergebenden Werte für die Lage der Spannungsnullinie und Betonspannungen bei den verschiedenen Belastungsstufen	22
5. Schlußfolgerungen über den Sicherheitsgrad	24
V. Über den Sicherheitsgrad bewehrter Betonkörper bei exzentrischem Kraftangriff	25
A. Betonkörper mit Bewehrung in der Zugzone	25
1. Analytische Ermittelung der Nullinienlage, Beton- und Eisenspannungen	25
a) bei vollem wirksamen Betonquerschnitt bis zur Rißbildung an der Zugseite	25
b) bei dem wirksamen Betonquerschnitt zwischen der Rißbildungs- und Bruchbelastung	26
2. Vergleichende Zusammenstellung der Rechnungs- und Versuchsergebnisse	26
3. Schlußfolgerungen über den Sicherheitsgrad	29
B. Betonkörper mit Bewehrung in der Druck- und Zugzone	29
4. Analytische Ermittelung der Nullinienlage, Beton- und Eisenspannungen	29
a) bei vollem wirksamen Betonquerschnitt bis zur Rißbildung an der Zugseite	29
b) bei dem wirksamen Betonquerschnitt zwischen der Rißbildungs- und Bruchbelastung	30
5. Vergleichende Zusammenstellung der Rechnungs- und Versuchsergebnisse	34
6. Schlußfolgerungen über den Sicherheitsgrad	34
VI. Schlußbemerkung	35

Verzeichnis der verwendeten Werke.

1. Versuche mit bewehrten und unbewehrten Betonkörpern, die durch zentrischen und exzentrischen Druck belastet wurden. Von C. Bach und O. Graf. Heft 166 bis 169 Forschungsarbeiten, herausgegeben vom Verein deutscher Ingenieure.
2. Handbuch für Eisenbetonbau, Band I, herausgegeben von Dr.-Ing. v. Emperger.
3. Elastizität und Festigkeit. Von Baudirektor Prof. Dr.-Ing. C. Bach.
4. Der Eisenbetonbau. Seine Theorie und Anwendung. Von Prof. Dr.-Ing. Mörsch.
5. Neue Versuche mit ringbewehrten Eisenbetonsäulen. Von Dr.-Ing. Kleinlogel.
6. In der Abhandlung angeführte Aufsätze technischer Zeitschriften.

ÜBER DEN SICHERHEITSGRAD VON BEWEHRTEN UND UNBEWEHRTEN BETONKÖRPERN, DIE AUF ZENTRISCHEN UND EXZENTRISCHEN DRUCK BEANSPRUCHT WERDEN.

Unter Zugrundelegung der Versuche von C. BACH und O. GRAF.

(Forschungsarbeiten Heft 166—169.)

Gegen Ende des vorigen Jahrhunderts beschäftigten sich besonders die deutschen Forscher der technischen Wissenschaften mit der Aufstellung von Spannungsgesetzen, die das verschiedene elastische Verhalten der Baustoffe bei Druck- und Zugbeanspruchung zum Ausdruck bringen. Die vielen Versuche fanden einen gewissen Abschluß darin, daß namentlich das von Bach und Schüle 1897 aufgestellte Spannungsgesetz in der Form des Potenzgesetzes $\varepsilon = \alpha \cdot \sigma^m$ als allgemein für alle Baustoffe gültig anerkannt wurde, um so mehr, da es für die Konstante $m = 1$ das lineare Spannungsgesetz wiedergibt.

Professor R. Mehmke, Stuttgart, betonte in seiner Abhandlung: „Zum Gesetz der elastischen Dehnungen", die 1897 im Schlußheft der Zeitschrift für Mathematik und Physik erschien, daß die Grundlage der Elastizitätstheorie, das Hookesche Gesetz, infolge seiner Nichtgültigkeit für gewisse Baustoffe, z. B. Gußeisen und Beton, erschüttert wäre und untersuchte die Genauigkeit der aufgestellten Spannungsgesetze auf Grund der Bachschen Versuchsergebnisse für die gebräuchlichen Baustoffe. Unter anderem kam er zu dem Schluß, daß der mittlere Fehler für Druckbeanspruchung des Gußeisens beim Potenzgesetz am kleinsten war, dagegen beim Beton die Potenzformel im Nachteil zum parabolischen Spannungsgesetz blieb.

Eine Reihe von wissenschaftlichen Abhandlungen erschien dann in den führenden technischen Zeitschriften in den Jahren 1897 und 98, die rechnerisch nachzuweisen suchten, daß die unter Anwendung der Navierschen Biegungsformel gefundene Zuganstrengung des Betons um ein Vielfaches, etwa um das Doppelte, zu groß war, als sie sich nach den Zugversuchen und der Berechnung bei Anwendung des Potenzgesetzes ergab. (Siehe L. Geusen, Zeitschrift des Vereins deutscher Ingenieure 1898, S. 463.) Zu ähnlichem Ergebnis kam später auch Mörsch in seinem Werk „Der Eisenbetonbau". Zu erwähnen ist auch der Aufsatz: Über die Berechnung von Monierplatten von Prof. v. Thullie in der Zeitschrift des Österreichischen Architekten- und Ingenieur-Vereins, Jahrgang 97, in welchem die Veränderlichkeit des Elastizitätskoeffizienten mit der Größe σ bei der Berechnung durch Festlegung einer den Versuchen entsprechenden Konstanten zwischen zwei Spannungswerten vorgeschlagen wurde. Das Ziel, unter Beobachtung der Gültigkeit des Potenzgesetzes analytisch oder graphisch die Spannungen der auf reiner und auf Biegung mit achsialem Druck beanspruchten Betonkörper zu berechnen, war infolge der mathematischen Schwierigkeiten schwer zu erreichen. Dipl.-Ing. Petermann unterzog sich in seiner Doktorarbeit, die 1914 von der Technischen Hochschule in Berlin genehmigt wurde, der Aufgabe, unter Zugrundelegung des Potenzgesetzes die verwickelten Beziehungen zwischen Randspannungen und Moment, bezw. Randspannungen und exzentrisch angreifender Normalkraft auf einfache Näherungsformel zu bringen. Eine brauchbare Lösung erzielte er für die Beurteilung der Spannungsverhältnisse für Körper aus bewehrtem und unbewehrtem Beton nicht.

Die nachfolgende Arbeit soll dem Zwecke dienen, die umfangreichen Versuche, die im Auftrage des Eisenbetonausschusses der Jubiläumsstiftung der Deutschen Industrie von der Materialprüfungsanstalt an der Kgl. Techn. Hochschule in Stuttgart 1914 ausgeführt wurden, als Grundlage zu benutzen, um über den Sicherheitsgrad von bewehrten und unbewehrten Betonkörpern, die auf zentrischen und exzentrischen Druck beansprucht wurden, ein klares Bild zu gewinnen. Die besondere Eignung dieser Versuche als Unterlage für solche Feststellungen rechtfertigt sich durch die zutreffende Voraussetzung, daß die Bürgschaft besteht, daß die vorher gemachten Erfahrungen im Versuchswesen des bewehrten und unbewehrten Betons bei diesen Versuchen zur vollen Geltung gekommen sind. Hervorzuheben ist auch, daß die Ablesungen der gesamten und federnden Dehnungen, an einer 100 cm langen Meßstrecke bei 2,50 m hohen Versuchskörpern vorgenommen, alle Nebenerscheinungen wie Formänderung durch die Querkraft und Gleiten der Eiseneinlagen durch Überwindung der Haftfestigkeit durch die zweckmäßige Versuchsanordnung ausgeschaltet und endlich ein in der Bauindustrie für Beton und Eisenbeton gebräuchliches Mischungsverhältnis

1 Raumteil Portlandzement,
2 Raumteile Rheinsand und
3 Raumteile Rheinkies

gewählt wurde.

I.
Allgemeines über das Spannungsgesetz.

Stoffe von durchaus gleichmäßiger Beschaffenheit (homogenes Material) wie Schmiedeeisen, Stahl usw. folgen innerhalb der Proportionalitätsgrenze einem Spannungsgesetz für Zug und Druck. Die Spannungen und Dehnungen sind innerhalb bestimmter Grenzen verhältnisgleich, also

$$\varepsilon = \pm \alpha \cdot \sigma = \frac{\sigma}{E}.$$

ε bezeichnet die Dehnung, σ die Spannung, α die Dehnungsziffer und $E = \frac{1}{\alpha}$ die Elastizitätszahl.

Körper von ungleichmäßigem Gefüge sind für Zug und Druck verschiedenen Spannungsgesetzen unterworfen; die Dehnung ε ist eine Funktion der Spannung

$\varepsilon_z = f(\sigma_z)$ für Zug- und
$\varepsilon_d = f(\sigma_d)$ für Druckbeanspruchung.

Die Biegungsfestigkeit eines Stoffes ist durch das Zusammenwirken seiner Zug- und Druckfestigkeit bedingt.

Bleiben nun bei einem auf Biegung beanspruchten Körper von symmetrischem Querschnitt nach eingetretener Formveränderung die Querschnitte nicht eben, dann ist die Dehnung des Körperelementes d k auch abhängig von dem Abstande y der Nullinie. Die Dehnung ist also eine Funktion der Spannung und des Nullinienabstandes:

$$\varepsilon = f(y, \sigma).$$

Entsprechend den zugrunde gelegten Versuchsergebnissen von Bach und Graf wird bei der folgenden Betrachtung die **Voraussetzung** gemacht, daß die Querschnitte der auf Biegung beanspruchten Körper nach eingetretener Formänderung eben bleiben[2]).

Bei homogenen Körpern von symmetrischem Querschnitt, d. h. bei solchen mit gleichem Spannungsgesetz $\varepsilon = \alpha \cdot \sigma$ für Zug und Druck, hat, wenn Körper auf Biegung beansprucht werden, jedes kleinste Teilchen zweier unendlich benachbarter Querschnitte beiderseits der Spannungsnullinie die gleiche Dehnungsziffer, ist also gleichwertig bezüglich der Spannungsaufnahmefähigkeit.

Bei reiner Biegung (Fig. 1 a) ergibt sich aus der Gleichgewichtsbedingung

$$\int_{-y_2}^{+y_1} \sigma \cdot dF = \frac{\sigma_1}{y_1} \int_{-y_2}^{y_1} y \cdot dF = 0,$$

daß das statische Moment auf die Spannungsnullinie $= 0$ wird. Die Nullinie geht also durch den Schwerpunkt des Querschnittes.

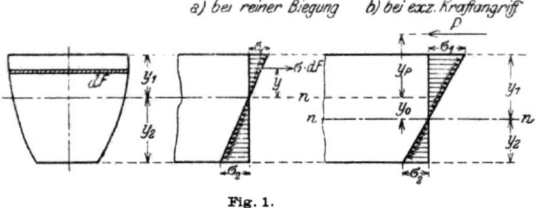

Fig. 1.

Bei exzentrischem Kraftangriff (Fig. 1 b) folgt aus den Gleichgewichtsbedingungen

---

[2]) Daß nach der Fußnote auf S. 28 der vorliegenden Forschungsarbeiten diese Voraussetzung für Beton, der sich ganz ähnlich wie Gußeisen verhält, ausreichend zutrifft, ist seit den über ein Vierteljahrhundert zurückliegenden Versuchen von Bach mit Gußeisen, an die sich Mitte der neunziger Jahre des vorigen Jahrhunderts die Elastizitätsversuche mit Beton anschlossen, bekannt. Wenn die Lage der Nullinie unter der gemachten Voraussetzung bestimmt wird, so geschieht dies der Einfachheit wegen und mit Rücksicht darauf, daß die bisher für Körper mit rechteckigem Querschnitt tatsächlich festgestellten Abweichungen nicht bedeutend sind (vergl. auch O. Graf im Handbuch für Eisenbeton, 2. Aufl., Bd. I S. 404 u. f).

$$P = \int_{y_2}^{y_1} \sigma \cdot dF = \frac{\sigma_1}{y_1} \int_{y_2}^{y_1} y \cdot dF = \frac{\sigma_1}{y_1} \cdot S_n,$$

$$(y_P + y_0) P = \int_{y_2}^{y_1} \sigma \cdot dF \cdot y = \frac{\sigma_1}{y_1} \int_{y_2}^{y_1} y^2 \cdot dF = \frac{\sigma_1}{y_1} \cdot J_n.$$

$$y_P + y_0 = \frac{J_n}{S_n} = \frac{\text{Trägheitsmom. bez. a. d. Nullin.}}{\text{Stat. Moment bez. a. d. Nullin.}} \quad (1$$

für $J_n = J_0 + F \cdot y_0^2$ und $S_n = F \cdot y_0$

$$y_0 = \frac{J_0}{F \cdot y_P} \quad \ldots \ldots \ldots \ldots \quad (1a$$

Gl. (1) ist, wie später gezeigt wird, die allgemeine Formel zur Bestimmung des Nullinienabstandes bei exzentrischem Kraftangriff. Gl. (1a) läßt erkennen, daß die Verschiebung der Nullinienlage lediglich durch die Größe des Abstandes der angreifenden Kraft vom Schwerpunkt bedingt wird, wenn das Hookesche Spannungsgesetz gilt.

Körper von ungleichmäßigem Gefüge (Beton, Holz, Stein usw.) folgen einem für Zug und Druck verschiedenem Spannungsgesetz. Betrachtet man auf gleiche Weise einen solchen auf Biegung beanspruchten Körper, so hat jedes

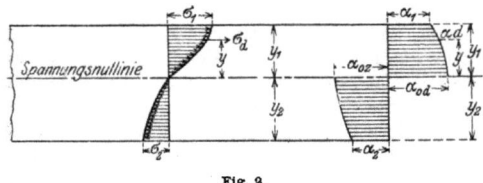

Fig. 2.

Körperelement zweier unendlich benachbarter Querschnitte beiderseits der Spannungsnullinie eine andere Dehnungsziffer. Letztere ändert sich gesetzmäßig entsprechend dem für den Baustoff gültigen Spannungsgesetz $\varepsilon = f(\sigma)$ mit dem Abstande von der Nullinie unter unserer Voraussetzung, daß die Querschnitte nach eingetretener Formänderung eben bleiben und somit die Dehnungen verhältnisgleich den Nullinienabständen sind. Die Spannungsnullinie geht nicht mehr durch den Schwerpunkt bei einem auf reine Biegung beanspruchten Körper symmetrischen Querschnitts, auch wird sie nicht mehr beim exzentrischen Kraftangriff durch die Exzentrizität allein in ihrer Lage bestimmt; sondern die Spannungsnullinie wird je nach dem für den Körper gültigen Spannungsgesetz eine Verrückung erfahren, auf die vor allem auch die Größe der auftretenden Randspannungen und die im ursächlichen Zu-

sammenhang damit stehende Größe der äußeren Kraftwirkungen von maßgebendem Einfluß sind.

Figur 2 veranschaulicht z. B. die Verteilung der im Querschnitte auftretenden Spannungen eines solchen auf Biegung beanspruchten Körpers. Bezeichnet man mit α die im Abstande y zutreffende Dehnungsziffer, dann sind die Randspannungen

$$\sigma_2 = \frac{\varepsilon_2}{\alpha_2} \quad \text{und} \quad \sigma_1 = \frac{\varepsilon_1}{\alpha_1}.$$

Die der Nullinie unendlich nahen Körperteilchen haben die unendlich kleinen Spannungen $d\sigma$ und werden im allgemeinen die endlichen Dehnungsziffern α_{0d} und α_{0z} besitzen. Es findet somit das allgemeine Spannungsgesetz seinen Ausdruck durch eine bestimmte, gesetzmäßige Änderung der Dehnungszahl α zwischen der Nullinie und den Randfasern, deren Werte zwischen α_{0z} und α_2 bezw. α_{0d} und α_1 liegen. Führt man die Dehnungszahlen der Randfasern mit $\alpha_{1,2}$ als Einheit ein, dann gibt $\frac{\alpha}{\alpha_{1,2}}$ das Maß an, um welches die Dehnungsziffer sich gesetzmäßig ändert. Sobald also das Gesetz für die Änderung der Dehnungsziffer und die Randspannungen bekannt ist, liegt die Spannungsverteilung über dem Querschnitt unter Berücksichtigung der äußeren Kräftewirkungen ohne weiteres fest[3]).

1. Beim Hookschen Spannungsgesetz $\sigma = \frac{\varepsilon}{\alpha}$, das innerhalb der Proportionalitätsgrenze für homogene Körper gilt, ist die Dehnungsziffer $\frac{d\varepsilon}{d\sigma} = \alpha$ konstant; die Spannungen eines solchen auf Biegung beanspruchten Körpers nehmen mit den Nullinienabständen geradlinig zu.

Für die Körper mit ungleichartigem Gefüge, die keine Elastizitätsgrenze besitzen, ist eine Reihe von Spannungsgesetzen mit 2 und mehreren, auch für Zug und Druck verschiedenen Konstanten aufgestellt worden, deren Dehnungsziffer sich mit der Spannung gesetzmäßig ändert[4]).

2. Nach C. Bach und W. Schüle gilt in guter Übereinstimmung mit den Versuchsergebnissen für die meisten Baustoffe das Potenzgesetz:

$$\varepsilon = \alpha_0 \cdot \sigma^m.$$

Die beiden Konstanten α und m haben auch für Zug und Druck andere Werte. Die Dehnungszahl α_σ bei der Spannung σ ergibt sich aus dem Gesetz der elastischen Dehnungen

---
[3]) Siehe auch Fr. Engesser, Zeitschr. des Vereins Deutscher Ingenieure, Jahrgang 1898, S. 903 und 927.
[4]) Siehe R. Mehmke-Stuttgart: „Zum Gesetz der elastischen Dehnungen" im Schlußheft der Zeitschrift für Mathematik und Physik, Jahrgang 1897.

zu
$$\varepsilon = a_0 \cdot \sigma^m = \int_0^\sigma a_0 \cdot d\sigma$$
$$\frac{d\varepsilon}{d\sigma} = a_\sigma = m \cdot a_0 \cdot \sigma^{m-1}.$$

Im Querschnitt würde für die der Nullinie unendlich nahen Fasern, also für den spannungslosen Zustand, die Dehnungsziffer $a_0 = 0$ bezw. $E_\sigma = \frac{1}{a_\sigma} = \infty$ sein, ein Wert, welcher der Wahrscheinlichkeit widerspricht.

3. Aus dem bereits 1849 von Hodgkinson aufgestellten parabolischen Spannungsgesetz

$$\sigma = a \cdot \varepsilon - b \cdot \varepsilon^2$$

mit den beiden Konstanten a und b folgt die Beziehung

$$\frac{d\varepsilon}{d\sigma} = a_\sigma = \frac{1}{a\left(1 - \frac{2b}{a} \cdot \varepsilon\right)}$$

oder, wenn statt $\frac{1}{a_\sigma}$ der Elastizitätsmodul E_σ bei der Spannung σ und $a = E_0$ derjenige für den spannungslosen Zustand $\sigma = 0$ und $\frac{2b}{a} = \alpha$ eingeführt wird,

$$\frac{d\sigma}{d\varepsilon} = E_\sigma = E_0 (1 - \alpha \cdot \varepsilon).$$

Es nimmt also der Elastizitätsmodul geradlinig mit den Dehnungen ab; für $\sigma = 0$ wird E ein Größtwert und für σ_{max} im Augenblicke des Bruches erreicht der Elastizitätsmodul seinen Kleinstwert.

4. Das kubisch-parabolische Spannungsgesetz

$$\sigma = \alpha \cdot \varepsilon + \beta \cdot \varepsilon^2 + \gamma \cdot \varepsilon^3$$

(Cox 1850) hat 3 Konstanten α, β und γ

$$\frac{d\sigma}{d\varepsilon} = E_\sigma = E_0 (1 - a \cdot \varepsilon - b \cdot \varepsilon^2).$$

Der Elastizitätsmodul nimmt mit den Dehnungen parabolisch bis zu seinem Kleinstwerte ab.

5. Hodgkinson stellte 1849 das biquadratisch-parabolische Spannungsgesetz mit 4 Konstanten

$$\gamma = E \cdot \varepsilon (1 - a \cdot \varepsilon - b \cdot \varepsilon^2 - c \cdot \varepsilon^3 - d \cdot \varepsilon^4)$$

auf.
$$E_\sigma = \frac{d\sigma}{d\varepsilon} = E \cdot (1 - \alpha \cdot \varepsilon - \beta \cdot \varepsilon^2 - \gamma \cdot \varepsilon^3).$$

Der Elastizitätsmodul nimmt mit den Dehnungen kubisch-parabolisch ab.

6. Von Cox wurde 1850 durch Versuche das hyperbolische Spannungsgesetz

$$\varepsilon = \frac{\sigma}{a - b \cdot \sigma}$$

gefunden, welches später Professor Lang unter Berücksichtigung von Temperatureinwirkung erweiterte. Danach ist

$$\frac{d\sigma}{d\varepsilon} = E_\sigma = \frac{a - b \cdot \sigma}{1 + b \cdot \varepsilon};$$

für den spannungslosen Zustand wird der Elastizitätsmodul $E_0 = a$, welcher mit wachsenden Spannungen schneller abnimmt, als beim parabolischen Spannungsgesetz.

II. Das für die Versuchskörper gültige Spannungsgesetz.

Um die Elastizität des für die Versuchskörper verwendeten Betons (in dem für die Herstellung der Betonbauten üblichen Mischungsverhältnis) 1 Teil Zement : 2 Teile Rheinsand und 3 Teile Rheinkies, festzustellen, wurden Betonprismen von 20×20 cm Querschnitt unter verschiedenen Belastungen zentrisch auf Druck und Zug beansprucht, und die eingetretenen Dehnungen, die Zusammendrückungen an einer 50 cm langen und die Verlängerungen an einer 45 cm betragenden Meßstrecke, als gesamte, bleibende und federnde ermittelt.

Die Versuchsergebnisse über das elastische Verhalten der Betonprismen bei den verschiedenen Belastungsstufen und ihre Druckfestigkeiten und Zugfestigkeiten sind für 7 bezw. 8 solche Körper einzeln und als Mittelwerte in Zusammenstellung 22 und 23 niedergelegt worden. Wichtig ist die strenge Unterscheidung zwischen der gesamten, federnden und bleibenden Dehnung für die Beurteilung der Elastizität des Betons. Einen möglichst einwandfreien Maßstab für das elastische Verhalten des Betons geben nur die federnden Zusammendrückungen und Verlängerungen, da nur sie als Formänderungen durch das Zurückgehen in den spannungslosen Zustand allein ausgelöst werden. Die wechselseitigen Beziehungen, die zwischen den federnden Dehnungen und den Spannungen bestehen, sind in mathematische Formen gebracht und, wie weiter oben angegeben ist, in bestimmte, auf Versuchsergebnisse gegründete Spannungsgesetze gekleidet worden.

Alle bisher auf Grund umfangreicher Versuche aufgestellten Spannungsgesetze sind eine Funktion (F) zwischen den beiden unabhängigen Veränderlichen, der Spannung σ und der Dehnung ε, und einer bezw. mehreren Unveränderlichen α, β, γ ..., die als Konstanten bezeichnet werden. Durch Beobachtungen von gleichem Gewicht werden durch Versuche eine große Reihe von Werten für F ermittelt, die denen von σ und ε entsprechen, so daß die unbekannten Konstanten mittels der Ausgleichsrechnung nach der Methode der kleinsten Quadrate zu berechnen sind.

Werden mit F die bekannte Funktion benannt, mit x, y, z ... die unabhängig Veränderlichen und mit a, b, c ... die Unveränderlichen, so ergeben sich die wahrscheinlichsten Größen der Konstanten aus den Gleichungen unter der Voraussetzung gleichen Gewichts aller gemachten Beobachtungen:

$[F \cdot x] = a [x^2] + b [x \cdot y] + c [x \cdot z] + \ldots$,
$[F \cdot y] = a [y \cdot x] + b [x^2] + c [y \cdot z] + \ldots$,
$[F \cdot z] = a [z \cdot x] + b [z \cdot y] + c [z^2] + \ldots$

Von den genannten Spannungsgesetzen sollen das lineare, Potenz-, parabolische und hyperbolische Spannungsgesetz auf ihre Gültigkeit für den für die Versuche verwendeten Beton als Baustoff untersucht werden. Nach den obenstehenden Gleichungen erhalten die Konstanten folgende Werte als die wahrscheinlichsten:

1. Aus den Versuchsergebnissen der Zusammenstellung 22 und 23 ermittelte Spannungsgesetze für die Druck- und Zugelastizität der Betonprismen.

Für die Berechnung der Konstanten und die Aufstellung der für diesen Beton vorgeschlagenen Spannungsgesetze für Druck und Zug kommen die aus 7 bezw. 8 Einzelversuchsgruppen errechneten Mittelwerte der Zusammenstellung 22 und 23 in Betracht: den Spannungen entsprechen die Belastungen und den Dehnungen die federnden Zusammendrückungen bezw. Verlängerungen.

Die vier gewählten Spannungsgesetze nehmen die Form an:

1. für Druck $\varepsilon_d = \dfrac{\sigma_d}{228\,000}$,

für Zug $\varepsilon_z = \dfrac{\sigma_z}{281\,000}$.

2. $\varepsilon_d = \dfrac{1}{414\,000} \cdot \sigma_d^{1,12}$,

$\varepsilon_z = \dfrac{1}{324\,000} \cdot \sigma_z^{1,06}$.

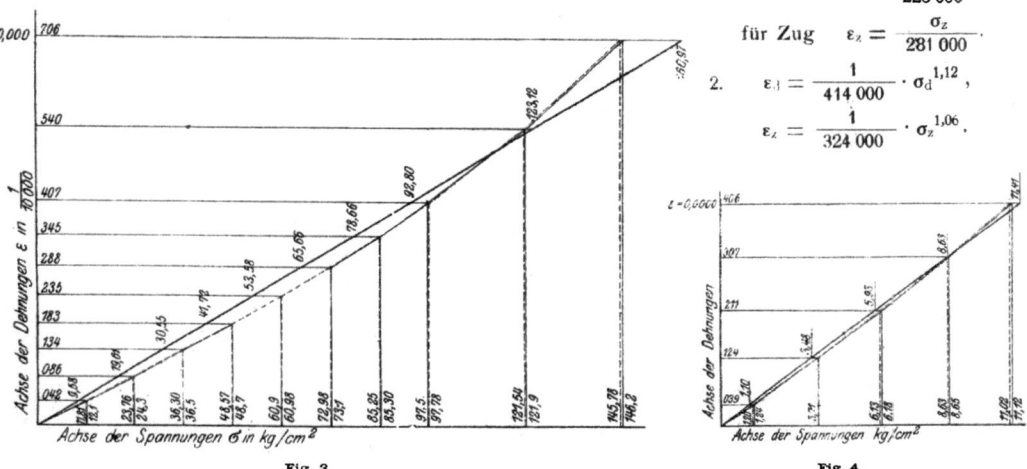

Fig. 3.   Fig. 4.

1. für das Hooksche Spannungsgesetz:

$\varepsilon = \dfrac{\sigma}{E}$; $E = \dfrac{[\sigma \cdot \varepsilon]}{[\varepsilon^2]}$.

2. Potenzgesetz:
$\varepsilon = a \cdot \sigma^m$,
$n = $ Anzahl der Beobachtungen,
$m = \dfrac{n \cdot [\log \varepsilon \cdot \log \sigma] - [\log \varepsilon] \cdot [\log \sigma]}{n \cdot [\log^2 \sigma] - [\log \sigma]^2}$,
$\log a = \dfrac{[\log^2 \sigma] \cdot [\log \varepsilon] - [\log \sigma] \cdot [\log \sigma \cdot \log \varepsilon]}{n \cdot [\log^2 \sigma] - [\log \sigma]^2}$.

3. Parabolisches Spannungsgesetz:
$\sigma = E \cdot \varepsilon (1 - a \cdot \varepsilon)$,
$E = \dfrac{[\sigma^2] \cdot [\varepsilon^3] - [\varepsilon \cdot \sigma] \cdot [\sigma \cdot \varepsilon^2]}{[\sigma \cdot \varepsilon] \cdot [\varepsilon^3] - [\varepsilon^2] \cdot [\sigma \cdot \varepsilon^2]}$,
$a = \dfrac{[\sigma^2] \cdot [\varepsilon^2] - [\varepsilon \cdot \sigma]^2}{[\sigma^2] \cdot [\varepsilon^3] - [\sigma \cdot \varepsilon] \cdot [\sigma \cdot \varepsilon^2]}$.

4. Hyperbolisches Spannungsgesetz:
$\varepsilon = \dfrac{\sigma}{a - b \cdot \sigma}$,
$a = \dfrac{[\sigma^2] \cdot [\varepsilon^2 \cdot \sigma] - [\varepsilon \cdot \sigma^2] \cdot [\sigma \cdot \varepsilon]}{[\varepsilon \cdot \sigma] \cdot [\varepsilon^2 \cdot \sigma] - [\varepsilon \cdot \sigma^2] \cdot [\varepsilon^2]}$,
$b = \dfrac{[\sigma^2] \cdot [\varepsilon^2] - [\sigma \cdot \varepsilon]^2}{[\varepsilon^2 \cdot \sigma] \cdot [\sigma \cdot \varepsilon] - [\varepsilon \cdot \sigma^2] \cdot [\varepsilon^2]}$.

3. $\sigma_d = 286\,000 \cdot \varepsilon_d \cdot (1 - 394 \cdot \varepsilon_d)$,

$\sigma_z = 311\,000 \cdot \varepsilon_z \cdot (1 - 3130 \cdot \varepsilon_z)$.

4. $\varepsilon_d = \dfrac{\sigma_d}{275\,000 - 412 \cdot \sigma_d}$,

$\varepsilon_z = \dfrac{\sigma_z}{316\,000 - 3\,800 \cdot \sigma_z}$.

Werden in diese Gleichungen die Dehnungswerte eingeführt und die Spannungen berechnet, dann ergeben sich Vergleichsgrößen zwischen den mit den verschiedenen Gesetzen ausgemittelten und den wahren Spannungen. Ihre durchschnittlichen Abweichungen vom wahren Werte lassen klar die Zusammenstellung (Tabelle 1) und die Abweichung nach dem parabolischen Spannungsgesetz insbesondere die graphische Darstellung Fig. 3 und 4 erkennen.

Das Hooksche Gesetz befriedigt wenig (Spalte 1); die Abweichung der Potenzgesetze (Spalte 2) bei den höheren Spannungen sind so erheblich, daß auch deren Gültigkeit für diesen Beton nicht als zutreffend mehr zu bezeichnen ist. Besser schneidet das hyperbolische Spannungsgesetz ab (Spalte 3). Auffallend gut stimmen die Rechnungsergebnisse nach den parabolischen Spannungsgesetzen (Spalte 4) mit den wahren Spannungswerten überein, so daß ihre durchschnittlichen Abweichungen, namentlich auch bei den höheren Belastungsstufen, praktisch ohne jede Bedeutung sind (siehe Fig. 3).

Der für die Versuche verwendete Beton folgt also selbst bei der hohen Druckbeanspruchung von 146,2 kg/cm² und Zugbeanspruchung von 11,12 kg/cm² dem parabolischen Spannungsgesetz ohne merklichen zahlenmäßigen Unterschied so sicher, daß wohl anzunehmen ist, daß die Gültigkeit dieses Gesetzes bis zu der Druck- und Zugfestigkeit bestehen bleibt. Daß diese Annahme zutrifft, wird weiter unten festgestellt.

Tabelle 1.

Abweichungen der nach den linearen, Bach-Schüleschen, parabolischen und hyperbolischen Spannungsgesetzen ermittelten Spannungsgrößen von den wahren Werten nach den Versuchen zur Ermittelung der

Druckelastizität der Betonprismen (Zusammenstellung 22).

Versuchswerte		$\varepsilon_d = \dfrac{\sigma_d}{228\,000}$			$\varepsilon_d = \dfrac{1}{414\,000} \cdot \sigma_d{}^{1,12}$			$\varepsilon_d = \dfrac{\sigma_d}{275\,000 - 412\,\sigma_d}$			$\sigma_d = 286\,000 \cdot \varepsilon_d$ $(1 - 394 \cdot \varepsilon_d)$		
			Abweichung			Abweichung			Abweichung			Abweichung	
σ_d	ε_d	σ_d	+	−	σ_d	+	−	σ_d	+	−	σ_d	+	−
1	12,1	0,000 042	9,58		2,52	12,80	0,70		11,35		0,75	11,81		0,29
2	24,3	0,000 086	19,61		4,69	24,30	—		22,84		1,46	23,76		0,54
3	36,5	0,000 134	30,55		5,95	36,06		0,44	34,92		1,58	36,30		0,20
4	48,7	0,000 183	41,72		6,98	47,60		1,10	46,80		1,90	48,57		0,13
5	60,9	0,000 235	53,58		7,32	59,56		1,34	58,92		1,98	60,98	0,08	
6	73,1	0,000 288	65,66		7,44	71,37		1,73	70,81		2,29	72,98		0,12
7	85,3	0,000 345	78,66		6,64	83,95		1,35	83,08		2,22	85,25		0,05
8	97,5	0,000 407	92,80		4,70	97,35		0,15	95,86		1,64	97,78	0,28	
9	121,9	0,000 540	123,12	1,22		125,10	3,20		121,47		0,43	121,54		0,36
10	146,2	0,000 706	160,97	14,77		159,12	12,92		150,44	4,24		145,78		0,42
Σ der Abweichungen			15,99	46,24		16,82	6,09		4,24	14,25		0,36	2,11
durchschnittliche Abweichungen			8,00	5,78		5,61	1,02		4,24	1,58		0,18	0,26

Zugelastizität der Betonprismen (Zusammenstellung 23)

Versuchswerte		$\varepsilon_z = \dfrac{\sigma_z}{281\,000}$			$\varepsilon_z = \dfrac{1}{324\,000} \cdot \sigma_z{}^{1,06}$			$\varepsilon_z = \dfrac{\sigma_z}{316\,000 - 3800 \cdot \sigma_z}$			$\sigma_z = 311\,000 \cdot \varepsilon_z$ $(1 - 3130\,\varepsilon_z)$		
			Abweichung			Abweichung			Abweichung			Abweichung	
σ_z	ε_z	σ_z	+	−	σ_z	+	−	σ_z	+	−	σ_z	+	−
1	1,24	0,0000 039	1,10		0,14	1,25	0,01		1,21		0,03	1,20		0,04
2	3,71	0,0000 124	3,48		0,23	3,71	—		3,74	0,03		3,71	—	
3	6,18	0,0000 211	5,93		0,25	6,13		0,05	6,16		0,01	6,13		0,05
4	8,65	0,0000 307	8,63		0,02	8,73	0,08		8,69	0,04		8,63		0,02
5	11,12	0,0000 406	11,41	0,29		11,38	0,26		11,12	—		11,02		0,10
Σ der Abweichungen				0,64			0,35	0,05		0,07	0,04		0	0,21
durchschnittliche Abweichungen			0,29	0,16			0,12	0,03		0,02	0,02		0	0,05

Die allgemeine Betrachtung dieses Spannungsgesetzes (Spalte 4)

$$\sigma = E \cdot \varepsilon \cdot (1 - a \cdot \varepsilon)$$

zeigt, daß die Spannungen nicht verhältnisgleich, sondern parabolisch mit den Dehnungen zunehmen. Wird die Konstante $a = 0$, dann geht die Gleichung in die lineare Form, das Spannungsgesetz in das Hooksche Gesetz über.

Der Elastizitätsmodul E_σ

$$\frac{d\sigma}{d\varepsilon} = E_\sigma = E_0 (1 - 2a \cdot \varepsilon)$$

ändert sich verhältnisgleich mit dem Nullinienabstande unter der zugrunde gelegten Voraussetzung, daß die Querschnitte nach eingetretener Formänderung eben bleiben (siehe Fußnote[2], Seite 85).

Für den **Beton der Versuchskörper** gilt das Elastizitätsmodulgesetz

für Druck:

$$E_{\sigma_d} = 286\,000 \cdot (1 - 788\,\varepsilon)$$

und für Zug:

$$E_{\sigma_z} = 311\,000\,(1 - 6260\,\varepsilon).$$

Im spannungslosen Zustand hat der Elastizitätsmodul seinen Größtwert und erreicht seinen Kleinstwert im Augenblick des Bruches. Da eine Elastizitätsgrenze bisher beim Beton nicht beobachtet wurde, so ist mit der Gültigkeit dieses Spannungsgesetzes bis zum Bruche vorläufig zu rechnen. Einfach in seiner Form und bequem in seiner Anwendung, wie später dargelegt wird, hat dieses Gesetz mit der vorzüglichen Übereinstimmung mit den Versuchsergebnissen den Vorzug vor den übrigen, daß es nächst dem Hookschen Spannungsgesetz in die bequemste mathematische Form zu kleiden ist; der Elastizitätsmodul bleibt nicht mehr konstant, sondern ändert sich geradlinig mit den Nullinienabständen, d. h. das Elastizitätsmodulgesetz ist linear.

Die Spannungen werden am größten für

$$\frac{d\sigma}{d\varepsilon} = E_\sigma = E_0 (1 - 2a\varepsilon) = 0.$$

Es liegt demnach die Vermutung nahe, daß der Bruch bei einem belasteten Betonkörper in dem Augenblick erfolgt, wo die Spannungen ihren Größtwert erreichen, also $E_\sigma = 0$ für

$$\varepsilon_{max} = \frac{1}{2a}$$

wird.

Das ermittelte Spannungsgesetz liefert die Werte:

bei Druckbeanspruchung:

$$\varepsilon_d = \frac{1}{2 a_d} = 0{,}00127,$$

$$\sigma_{d_{max}} = 181{,}5 \text{ kg/cm}^2,$$

bei Zug:

$$\varepsilon_z = \frac{1}{2 a_z} = 0{,}000131,$$

$$\sigma_{d_{max}} = 24{,}9 \text{ kg/cm}^2.$$

Diese Ergebnisse befriedigen augenscheinlich nicht, da die Versuche eine höhere Druckfestigkeit im Mittel von 210 kg/cm² und eine niedrigere Zugfestigkeit von $18{,}6 - 1{,}2 = 17{,}4$ kg/cm² im Durchschnitt erzielten. Hier liegt ein Widerspruch, der durch die folgenden Darlegungen aufgeklärt werden soll.

2. Das aus den Versuchsergebnissen der Zusammenstellung 24 ermittelte parabolische Spannungsgesetz für die Druckelastizität der Betonkörper.

Nicht unbeachtet dürfen nun die Versuche zur Ermittlung der Druckelastizität bleiben, die an den eigentlichen unbewehrten Versuchskörpern mit zentrischer Belastung gemacht wurden. Die Meßstrecke wurde von **50** auf **100** cm an diesen 2,50 m langen Betonkörpern mit mittlerem Querschnitt von 40 cm $\times$ 40 cm erhöht.

Aus den Versuchsergebnissen nach Zusammenstellung 24 an Körper 66, 70 und 74 ergibt sich als Spannungsgesetz für Druckbeanspruchung

$$\sigma_d = 307\,000 \cdot \varepsilon\,(1 - 448\,\varepsilon).$$

Die hiermit berechneten Spannungsgrößen unterscheiden sich von dem Wahren nur um 0,6 kg/cm² im Mittel; sie stimmen demnach gut überein, wie die Zusammenstellung (Tabelle 2) erkennen läßt.

Auffallend ist, daß der Elastizitätsmodul für den spannungslosen Zustand 307 000 sich kaum von dem aus den Versuchen zur Ermittlung der Zugelastizität hergeleiteten Wert 311 000 unterscheidet; wie überhaupt die Gegenüberstellung dieser Elastizitätsmoduln für den spannungslosen

— 12 —

Tabelle 2.

Abweichungen der nach dem parabolischen Spannungsgesetz ermittelten Spannungsgrößen von den wahren Werten nach den Versuchen zur Ermittlung der Druckelastizität der 1. Betonkörper nach Fig. 14 (Zusammenstellung 24).

	Versuchswerte		$\sigma_d = 307\,000 \cdot \varepsilon_d\,(1-448\,\varepsilon_d)$			$\sigma_d = 311\,000 \cdot \varepsilon_d\,(1-450\,\varepsilon_d)$		
	σ_d in kg/cm²	$\varepsilon \cdot \dfrac{1}{10\,000}$	σ_d in kg/cm²	Abweichung +	−	σ_d in kg/cm²	Abweichung +	−
1	10,0	0,31	9,4		0,6	9,5		0,5
2	20,0	0,65	19,4		0,6	19,6		0,4
3	30,1	1.01	29,7		0,4	30,0		0,1
4	40,1	1,39	40,0		0,1	40,4	0,3	
5	50,2	1,78	50,2	—		50,9	0,7	
6	60,2	2,20	60,8	0,6		61,6	1,4	
7	70,3	2,62	70,9	0,6		71,8	1,5	
8	80,3	3,06	81,1	0,8		82,0	1,7	
9	90,3	3,53	91,2	0,9		92,2	1,9	
10	100,3	4,02	101,2	0,9		102,3	2,0	
11	110,3	4,44	109,2		1,1	110,5	0,2	
	Σ der Abweichungen			3,8	2,8		9,7	0,10
	Durchschnittliche Abweichungen			0,6	0,6		1,2	0,3

Zustand bei den einzelnen Spannungsgesetzen zeigt,
Parabol.- hyperbol. Potenz- Hooksches Gesetz
E_d 307 000
286 000   275 000   (414 000)   228 000
E_z 311 000   316 000   (324 000)   281 000
ist der Unterschied dieser Zug- und Druckelastizitätsmoduln bei dem parabolischen Spannungsgesetz bei weitem am kleinsten.

Das Spannungsgesetz liefert für
$$\varepsilon = \frac{1}{2a} = \frac{1}{996}$$
den Spannungsgrößtwert zu **171,1 kg/cm²**, der sich in guter Übereinstimmung mit dem mittleren nach Zusammenstellung 24 aus den Versuchswerten sich ergebenden
$$\sigma_{max} = 173,0 - \frac{4000}{40 \cdot 40} = \mathbf{170,5\ kg/qcm}$$
befindet.

Auf Grund dieser Erörterungen soll als Spannungsgesetz der nachfolgenden Untersuchungen für Druck
$$\sigma_d = 311\,000 \cdot \varepsilon_d\,(1-450 \cdot \varepsilon_d)$$

und für Zug
$$\sigma_z = 311\,000 \cdot \varepsilon_z\,(1-3130 \cdot \varepsilon_z)$$
dienen. Die durchschnittliche mittlere Abweichung der berechneten und wahren Spannungswerte

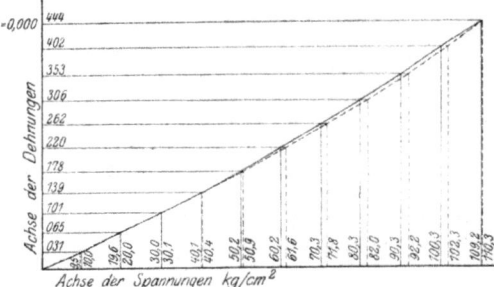

Fig. 5.

beträgt (nach Zusammenstellung Tabelle 2) +1,2 kg/cm² bezw. —0,3 kg/cm². Die Druckspannung erreicht mit 172,6 kg/cm² ihren Höchstwert, der sich von dem mittleren Versuchswert um 2,3 kg/cm² unterscheidet, so daß gegen die

Gültigkeit dieses Spannungsgesetzes keine Bedenken geltend gemacht werden können; der Elastizitätsmodul für Zug- und Druckbeanspruchung ist gleich groß.

3. Aus den Versuchsergebnissen für zentrische Druckbelastung bewehrter Betonkörper (Zusammenstellung 16) ermitteltes parabolisches Spannungsgesetz.

Wird ein bewehrter Betonkörper einer zentrischen Druckbelastung ausgesetzt, dann nehmen die Eiseneinlagen an der Spannungsaufnahme in dem Verhältnis teil, als sie die gleichen Zusammenkörper aus den Versuchsergebnissen hergeleiteten Spannungsgesetz zum Ausdruck, welches lautet:

$$\sigma_b = 312\,000 \cdot \varepsilon_d (1 - 497 \varepsilon_d).$$

Die durchschnittlichen Abweichungen der mit diesem Spannungsgesetz ermittelten Rechnungswerte von den wahren Spannungen betragen $+0,6$ und $-0,8$ kg/cm² (Tabelle 3). Werden jedoch die Spannungswerte nach dem für die unbewehrten Betonkörper gültigen Spannungsgesetz

$$\sigma_b = 311\,000 \cdot \varepsilon_d (1 - 450\,\varepsilon_d)$$

berechnet, so ergeben sich als durchschnittliche Abweichungen

$+1,7$ kg/cm² und $-0,6$ kg/cm².

Tabelle 3.
2. bewehrten Betonkörper nach Fig. 6 (Zusammenstellung 16).

Versuchswerte			$\sigma_d = 312\,000 \cdot \varepsilon_d\,(1-497\,\varepsilon_d)$			$\sigma_d = 311\,000 \cdot \varepsilon_d\,(1-450\,\varepsilon_d)$		
	σ_d in kg/cm²	$\varepsilon \cdot \frac{1}{10\,000}$	σ_d in kg/cm²	Abweichung +	Abweichung −	σ_d in kg/cm²	Abweichung +	Abweichung −
1	8,9	0,27	8,3	0,6		8,2		0,7
2	17,8	0,56	16,9	0,9		17,0		0,8
3	26,6	0,87	25,9	0,7		26,0		0,6
4	35,4	1,18	34,6	0,8		34,7		0,7
5	44,1	1,51	43,6	0,5		43,7		0,4
6	61,2	2,23	61,8		0,6	62,3	1,1	
7	78,2	2,97	79,0		0,8	80,0	1,8	
8	95,1	3,77	95,6		0,5	97,3	2,2	
9	111,7	4,61	110,6	1,1		113,6	1,9	
Σ der Abweichungen				1,9	4,6		7,0	3,2
Durchschnittliche Abweichungen				0,6	0,8		1,7	0,6

drückungen ε wie der Beton erfahren. Die Betonspannung σ_b ist bei der Belastung P, dem Eisenquerschnitt der Längsbewehrung F_e, dem Elastizitätsmodul $E = 2\,150\,000$, dem Betonquerschnitt F_b ($= 1622,7$) und der gesamten Dehnung der Längseisen ε_{b_g}

$$\sigma_b = \frac{P - \varepsilon_{b_g} \cdot E_e F_e}{F_b - F_e}$$

In Tabelle 3 und Fig. 6 sind die ermittelten Betonspannungen, die den an den Versuchskörpern gemessenen federnden Zusammendrückungen entsprechen, verzeichnet. Die Querbewehrung kommt somit lediglich in dem für die bewehrten Beton-

Hieraus folgt, daß für die vorliegenden Versuche die Querbewehrung keinen nennenswerten Einfluß auf das elastische Verhalten der auf zentrischen Druck beanspruchten Betonkörper hat, und daß in guter Übereinstimmung mit den Versuchsergebnissen jenes für die unbewehrten Betonkörper gefundene Spannungsgesetz

$$\sigma = 311\,000 \cdot \varepsilon_d (1 - 450\,d)$$

auch für die bewehrten Betonkörper seine volle Gültigkeit, nachgewiesen bis zur Belastung von 111,7 kg/cm², behält.

Da das parabolische Spannungsgesetz für die Elastizität des Betons aus den federnden Dehnungen bei in Stufen gesteigerten Belastungen hergeleitet ist, die Eiseneinlagen jedoch die gesamten Formänderungen erleiden, so werden nicht die federnden, sondern die gesamten Zusammendrückungen und Verlängerungen des Betons als Maßstab für die auftretenden Spannungen in den Eiseneinlagen zu berücksichtigen sein. Bezeichnet ε_1 die federnden und ε_1' die gesamten Dehnungen, dann ist

$$\sigma_1 = E_1 \cdot \varepsilon_1 (1 - a_1 \cdot \varepsilon_1) = E_1' \cdot \varepsilon_1' (1 - a_1' \cdot \varepsilon_1')$$

oder

$$\frac{E_1 \cdot \varepsilon_1}{E_1' \cdot \varepsilon_1'} = \frac{1 - a_1' \cdot \varepsilon_1'}{1 - a_1 \cdot \varepsilon_1},$$

woraus

$$\varepsilon_1' = \alpha \cdot \varepsilon_1$$

folgt.

Nach der Methode der kleinsten Quadrate berechnet sich die Konstante

$$\alpha = \frac{[\varepsilon_1 \cdot \varepsilon_1']}{\varepsilon_1^2}$$

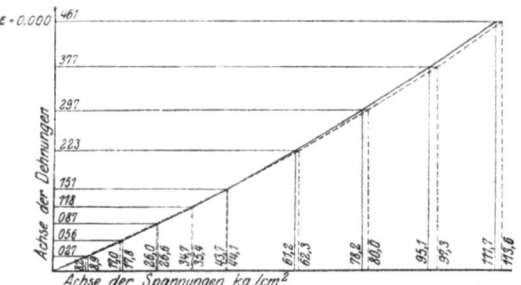

Fig. 6.

und wird nach dem Versuchergebnisse für die Druckelastizität der Betonkörper (Zusammenstellung 24) $\alpha_1 = 1,11$ und für die Zugelastizität der Betonprismen (Zus. 23) $\alpha_2 = 1,15$. Nach allen vorliegenden Versuchsergebnissen ist in der Nähe der Höchstlast bezw. des Bruchzustandes α_3 viel höher, wenigstens etwa mit 1,20 anzunehmen; bei niedrigen Spannungen bis zur Rißbildung im Mittel:

$$\alpha_1 = \alpha_2 = 1,15.$$

Das auf Seite 115 dargestellte für die Betonkörper gültige parabolische Spannungsgesetz zeigt, daß in der Nähe der Maximalspannungen die Dehnungen sehr viel schneller wachsen als die Spannungen. In der Schrift: „Neue Versuche mit ringbewehrten Eisenbetonsäulen" spricht Dr.-Ing. Kleinlogel den aus seinen Versuchen hergeleiteten Satz aus: Je mehr sich ein Körper elastisch zusammendrücken läßt, um so größer ist auch seine Querdehnung, so daß nunmehr gefolgert werden kann, daß die Wirkung der Umschnürung erst in der Nähe der Höchstbelastung, wenn die Betonfestigkeit fast ihren Höchstwert erlangt hat, eintritt. Da bei den vorliegenden Versuchen die Querbewehrung 5 mm starke Wicklung bei 70 mm Steigung verhältnismäßig gering ist, wie es zweckmäßig praktisch bei auf Biegung mit Achsialdruck beansprüchten Betonkonstruktionen immer der Fall sein wird, und nach den neuen Forschungsergebnissen die Rißbildungslast für solche Fälle fast so groß ist wie die Höchstbelastung (diese Forschungsarbeiten berichten darüber nicht), so ist anzunehmen, daß die Belastung durch den Beton und auch das an ihm durch die gemeinsame Formänderung gebundene Eisen aufgenommen wird und erst die Umschnürung merklich wirkt, wenn nach Überschreiten der Betonfestigkeit die weitere Deformationsmöglichkeit bei höherem Druck bis zur Höchstbelastung nur durch die vorhandene Umschnürung denkbar ist. In diesem Stadium nehmen also die Eiseneinlagen bis zur Quetschgrenze, die nach den Forschungsergebnissen auf dem Gebiete des umschnürten Betons etwa um das 2,4 fache der abgewickelten Spirale zu vermehren sind, lediglich die zusätzlichen Belastungen auf. Nach dem Gesagten gestaltet sich der Rechnungsgang folgendermaßen:

1. Nach Zusammenstellung 16:

Höchstbelastung i. M.: $404\,700 - 4000 = 400\,700$ kg,

$h = 40,2$ cm i. M.,
$b = 40,4$ cm,
$f_e = 8 \varnothing 22 = 30,48$ cm².

,52 mm starke Spiralbewehrung mit 70 mm Steigung

$$a = 3,6 - \frac{2,2}{2} - \frac{0,5}{2} = \text{rd. } 2,3 \text{ cm}^2,$$

$$F = 30,48 + 2,4 \cdot \left[4 \cdot (40,2 - 2 \cdot 2,3) \cdot \frac{0,21}{7}\right].$$

(Nur die Projektion der Wickelung ist berücksichtigt)

$$= 30,48 + 10,22 = 40,7 \text{ cm}^2.$$

Für $\sigma_{b\,max}$ ist

$$\varepsilon_b = \frac{1}{2\alpha} = \frac{11,14}{10000},$$

die gesamte Dehnung des Eisens dann:

$$\varepsilon_e = \frac{1,2 \cdot 11,14}{10000} = 0,00134.$$

Ohne Umschnürung aufzunehmende Belastung:

$P = (40,2 \cdot 40,4 - 30,48) \cdot 172,6 + 0,00134 \cdot 2150000 \cdot 30,48$
$= 274\,000 + 88\,000 = 362\,000$ kg.

Bei Umschnürung:
Von dem Eisen allein aufzunehmende Belastung:

$P' = 400\,700 - 362\,000 = 38\,700$ kg.

Die Eisenspannung erhöht sich um

$$\sigma_e' = \frac{38\,700}{30{,}48 + 10{,}22} = 950 \text{ kg/cm}^2,$$

so daß sie beträgt

$\sigma_e = 0{,}00134 \cdot 2\,150\,000 + 950 = 2880 + 950 = 3830$ kg

2. Nach Zusammenstellung 9.

$h = 40{,}2$ cm,
$b = 40{,}2$ cm,
$f_e = 8 \cdot 16$ mm $= 16{,}36$ cm²,

ohne Umschnürung:

$P = (40{,}2 \cdot 40{,}4 - 16{,}36) \cdot 172{,}6 + 0{,}0134 \cdot 2\,150\,000 \cdot 16{,}36$
$= 276\,000 + 47\,200 = 323\,200$ kg.

Erzielte Höchstbelastung

$338\,300 - 4000 = 334\,300$ kg.

Von dem Eisen bei Umschnürung aufzunehmende Belastung

$P = 334\,300 - 323\,200 = 11\,100$ kg.

Die Eisenspannung wird dann:

$\sigma_e = 2880 + \dfrac{11\,100}{16{,}36 + 10{,}22} = 2880 + 420 = 3300$ kg/cm².

In beiden Fällen ist der Lastanteil
1. **38 700** bei **400 700** kg Höchstlast,
2. **11 100** „ **334 300** „ ,

der durch die Eisenbewehrung infolge der Umschnürung aufzunehmen ist, gering. Daß der vorgeschlagene Berechnungsgang bei weniger starker Spiralbewehrung ziemlich zutreffend ist, erhellt daraus, daß erst bei Erreichung der Höchstlast rechnungsmäßig die Eisenspannungen von **2880** kg/cm² auf **3830** bezw. auf 3300 kg/cm² wuchsen, sich also erst nahe der nach Zusammenstellung 3 der Forschungsarbeiten gefundenen Quetschgrenze von **3754** und **3680** kg/cm² befanden, so daß der Bruch infolge Überschreitens der Quetschgrenze auch nach dem vorgeführten Rechnungsgang erfolgen mußte. In Wirklichkeit wird in der Nähe der Höchstbelastung für spiralbewehrte Betonkörper ein etwas anderes Spannungsgesetz zutreffen, da durch die Behinderung der Querdehnung durch die Umschnürung die Zusammendrückung kleiner wird. Jedoch dürfte dies von so geringem Einfluß sein und würde durch Versuche kaum festzustellen sein, und schließlich gibt dieser Rechnungsgang so augenscheinliche Ergebnisse, daß gegen die Gültigkeit des Spannungsgesetzes bis zum Größtwert der Betonspannung keine Bedenken entstehen können.

III. Allgemeine analytische Ermittelung der Nullinienlage, Betonrandspannungen und Eisenspannungen bewehrter und unbewehrter Betonkörper symmetrischen Querschnittes bei exzentrischem Kraftangriff.

Die Verteilung der Normalspannungen über den Querschnitt eines Betonkörpers, der auf Biegung beansprucht wird, ist durch die eingetretene Formänderung bedingt:

1. Der folgenden Betrachtung wird die Voraussetzung (Fig. 7) zugrunde gelegt, daß die Querschnitte auch nach eingetretener Formänderung eben bleiben, daß also die Dehnungen den Abständen von der Spannungsnullinie verhältnisgleich bleiben.

Bezeichnet ein durch zwei unendlich nahe Querschnitte begrenztes Körperelement eines auf Biegung beanspruchten Betonkörpers symmetrischen Durchschnittes, ϱ den Krümmungsradius der Spannungsnullinie und ε die Dehnung der Faser im Abstande y von der Spannungsnullinie, dann verhält sich

$\varrho : dx = y : \varepsilon \cdot dx$;

also ist

$$\varrho = \frac{y}{\varepsilon} = \frac{y_1}{\varepsilon_1} = \frac{y_2}{\varepsilon_2}.$$

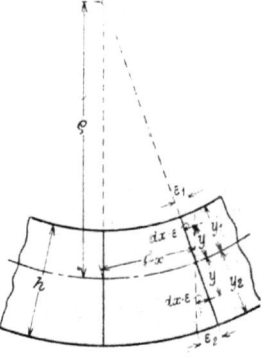

Fig. 7.

2. Wie aus den vorliegenden Versuchsergebnissen von Bach und Graf nachgewiesen ist, folgt der bewehrte und unbewehrte Beton bei Druck- und Zugbeanspruchung dem parabolischen Spannungsgesetz:

für Druck $\sigma_d = E_0 \cdot \varepsilon_d (1 - a \cdot \varepsilon_d)$,
für Zug $\sigma_z = E_0 \cdot \varepsilon_z (1 - b \cdot \varepsilon_z)$.

Werden in diese Gleichungen

und $\quad E_0 \cdot (1 - a \cdot \varepsilon_d) = E_d$
$\quad E_0 \cdot (1 - b \cdot \varepsilon_z) = E_z$

eingeführt, so nehmen die Spannungsgesetze

$\sigma_d = \varepsilon_d \cdot E_d$,
$\varepsilon_z = \varepsilon_z \cdot E_z$

die lineare Form an. Der Elastizitätsmodul E ist nicht mehr konstant, sondern hat seinen Größtwert in der spannungslosen Faser und nimmt gradlinig mit den Nullinienabständen ab, die den Dehnungswerten verhältnisgleich sind. Umstehende Fig. 8 u. 9 veranschaulicht das Elastizitätsmodulgesetz, welches dem parabolischen Spannungsgesetz entspricht und letzteres auf das ineare zurückführt, indem jedes Flächenteilchen dF im Abstande y von der Spannungsnullinie nicht mehr die überall gleiche, durch den Elastizitätsmodul E_0 ausgedrückte Spannungsaufnahmefähigkeit besitzt, sondern letztere vielmehr mit den Spannungen, also nach den Randfasern verhältnisgleich den Nullinienabständen kleiner wird:

für Druck $E_d = E_0 \cdot (1 - a \cdot \varepsilon_d)$,
für Zug $E_z = E_0 \cdot (1 - b \cdot \varepsilon_z)$.

Es bekommt gewissermaßen mit zunehmenden Spannungen der Elastizitätsmodul E_0 ein elastisches Gewicht

$$(1 - a \cdot \varepsilon) \text{ bzw. } (1 - b \cdot \varepsilon).$$

Soll aber die Form des Elastizitätsgesetzes in der allgemeinen parabolischen Form

$$\sigma = E_0 \cdot \varepsilon (1 - a \cdot \varepsilon)$$

erhalten bleiben, dann wird bei der Spannung σ

$$E_0 = \frac{d\sigma}{d\varepsilon} = E_0 \cdot (1 - 2 a \cdot \varepsilon).$$

Auch hier erscheint ein lineares Gesetz für die Änderung des Elastizitätsmoduls mit zunehmender Spannung.

Fig. 10 gibt die gesetzmäßige Änderung des Elastizitätsmoduls und des parabolischen Spannungsgesetzes über den Querschnitt anschaulich wieder:

$$\sigma = \int d\sigma = \int d\varepsilon \cdot E_0,$$

$$\sigma_1 = E_0 \int_0^{\varepsilon_1} d\varepsilon (1 - 2 a \cdot \varepsilon),$$

$$D = \int_0^{y_1} \sigma \cdot dF = E_0 \int_0^{y_1} dy \cdot \int_0^{\varepsilon_1} d\varepsilon (1 - 2 a \cdot \varepsilon).$$

Wird nun der Betonkörper auf exzentrischen Druck beansprucht, so entstehen in ihm auch Biegungsspannungen, die durch das Zusammenwirken seiner Zug- und Druckelastizität bedingt werden. Für die Zug- und Druckzone gelten durch die Konstanten sich unterscheidende verschiedene Spannungsgesetze. Für den spannungslosen Zustand, d. h. in der Faser der Spannungsnullinie, ist der Elastizitätsmodul für Zug und Druck gleich groß. Die Lage der Nullinie selbst wird auch durch die Höhe der auftretenden Randspannungen mit beeinflußt.

1. Die Lage der Spannungsnullinie.

Wie in Fig. 11 skizziert, wird der allgemeine Fall, daß eine in der Symmetrieebene exzentrisch angreifende Kraft P einen bewehrten Betonkörper beansprucht und außer den Normal-

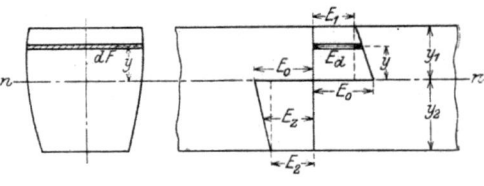

Fig. 8.

spannungen auch Biegungsspannungen erzeugt, untersucht. P ist parallel der Körperachse gerichtet. Querkräfte treten nicht auf.

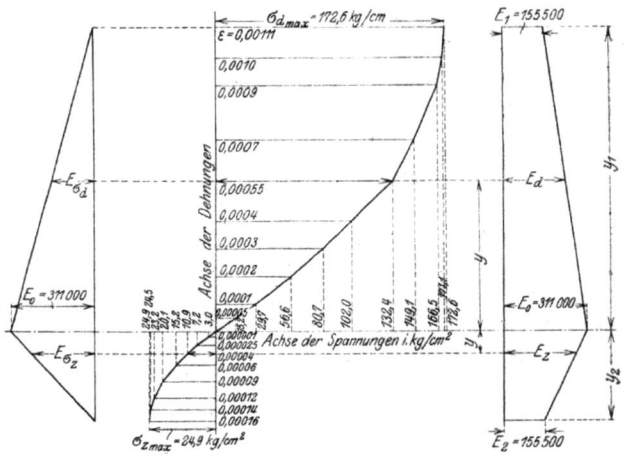

Fig. 9

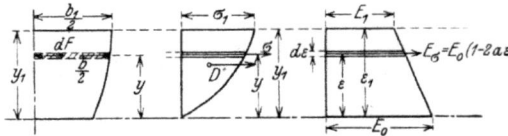

Fig. 10.

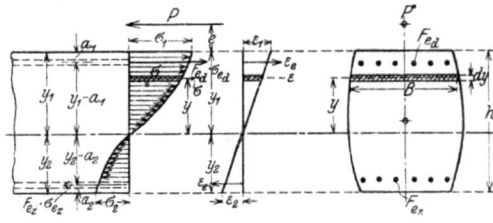

Fig. 11.

a) Die Querschnitte bleiben eben:

$$\frac{\varepsilon_1}{\varepsilon_2} = \frac{y_1}{y_2} = i.$$

b) Das parabolische Spannungsgesetz gilt:
für Zug $\sigma_d = \varepsilon_d \cdot E_0(1 - a \cdot \varepsilon_d)$,
für Druck $\sigma_z = \varepsilon_z \cdot E_0(1 - b \cdot \varepsilon_z)$,
oder es ist $E_d = (1 - a \cdot \varepsilon_d) \cdot E_0$,
$E_z = (1 - a \cdot \varepsilon_z) \cdot E_0$.

c) Zwischen den äußeren und den im Schnitt auftretenden inneren Kräften besteht der Gleichgewichtszustand.

P = exzentrische Belastung,
$\pm e$ = Abstand P von der Druckseite des Körpers,
B = Querschnittsbreite,
h = Querschnittshöhe,
F_{e_d} = Querschnitt der Eiseneinlagen in der Druckzone,
a_1 = deren Schwerpunktsabstand von der Druckseite des Körpers,
F_{e_z} = Querschnitt der Eiseneinlagen in der Zugzone,
a_2 = deren Schwerpunktsabstand von der Zugseite des Körpers,
y_1 = Nullinienabstand von der Druckseite,
y_2 = Nullinienabstand von der Zugseite,
$\left.\begin{array}{l}\sigma_{e_d}\\\sigma_{e_z}\end{array}\right\}$ = Spannungen der Eiseneinlagen.

$$P = \int_0^{y_1} \sigma_d \cdot B \cdot dy - \int_0^{y_2} \sigma_z \cdot B \cdot dy + F_{e_d} \cdot (\sigma_{e_d} - \sigma_{b_d})$$

$$- F_{e_z} \cdot (\sigma_{e_z} - \sigma_{b_z}) = \int_0^{y_1} E_0 \cdot B \cdot (1 - a \cdot \varepsilon_d) \cdot \varepsilon_d \cdot dy$$

$$- \int_0^{y_2} E_0 \cdot B \cdot (1 - b \cdot \varepsilon_z) \cdot \varepsilon_z \cdot dy$$

$$+ (n-1) \cdot F_{e_d} \cdot E_0 \cdot \varepsilon_1 \frac{\alpha(y_1 - a_1)}{y_1}$$

$$- \frac{(n-1) \cdot F_{e_z} \cdot E_0 \cdot \alpha \cdot \varepsilon_2 (y_2 - a_2)}{y_2},$$

$$n = \frac{E_e}{E_0}$$

oder wenn $\dfrac{1}{\varrho} = \dfrac{\varepsilon_1}{y_1} = \dfrac{\varepsilon_2}{y_2}$ eingeführt wird, ist

$$P = \frac{E_0}{\varrho}\left\{\int_0^{y_1} B \cdot y \cdot dy \left(1 - \frac{a \cdot y}{\varrho}\right)\right.$$
$$- \int_0^{y_2} B \cdot y \cdot dy \left(1 - \frac{b \cdot y}{\varrho}\right)$$
$$\left. + \alpha(n-1) F_e \cdot (y_1 - a_1) - \alpha(n-1) F_{e_z}(y_2 - a_2)\right\}.$$

Die Einzelintegrale dieser Gleichung

$$\int_0^{y_1} B \cdot y \cdot dy \left(1 - \frac{a \cdot y}{\varrho}\right)$$

und $$\int_0^{y_2} B \cdot y \cdot dy \left(1 - \frac{b \cdot y}{\varrho}\right),$$

wie auch die Ausdrücke $+ \alpha(n-1) F_{e_d} \cdot (y_1 - a_1)$ und $- \alpha(n-1) F_{e_z} \cdot (y_2 - a_2)$ stellen unter Berücksichtigung ihrer Vorzeichen die Summe der statischen Flächenmomente bezogen auf die Spannungsnullinie dar; $w_d = \left(1 - \dfrac{a \cdot y}{\varrho}\right)$ und $w_z = \left(1 - \dfrac{b \cdot y}{\varrho}\right)$ bezeichnen die Bewertung der Flächenteilchen $B \cdot dy$ inbezug auf ihre Spannungsaufnahmefähigkeit im Abstande y von der Nullinie und sind identisch den Multiplikanten im parabolischen Spannungsgesetz, um welche sich dieses von dem Hookschen Gesetze unterscheidet. Es ergibt sich demnach:

$$P = \frac{E_0}{\varrho} \cdot S_n \quad \ldots \ldots \ldots (1$$

Aus der Momentgleichung folgt:

$$P \cdot (y_1 \pm e) = \int_0^{y_1} \sigma_d \cdot B \cdot y \cdot dy + \int_0^{y_2} \sigma_z \cdot B \cdot y \cdot dy +$$
$$+ F_{e_d} \cdot (\sigma_{e_d} - \sigma_{b_z}) \cdot (y_1 - a_1) + F_{e_z} \cdot (\sigma_{e_z} - \sigma_{b_z}) \cdot (y_2 - a_2)$$

oder

$$P \cdot (y_1 \pm e) = \frac{E_0}{\varrho}\left\{\int_0^{y_1} B \cdot y^2 \cdot dy \left(1 - \frac{a \cdot y}{\varrho}\right)\right.$$
$$+ \int_0^{y_2} B \cdot y^2 \cdot dy \left(1 - \frac{b \cdot y}{\varrho}\right)$$
$$+ \alpha \cdot (n-1) F_{e_d} \cdot (y_1 - a_1)^2$$
$$\left. + \alpha \cdot (n-1) F_{e_z} (y_2 - a_2)^2\right\}.$$

Der Klammerausdruck dieser Gleichung ist als das auf die Spannungsnullinie bezogene Trägheitsmoment J_n zu erkennen. Die unendlich kleinen Flächenelemente $B \cdot dy$ sind bezüglich ihrer Spannungsaufnahmefähigkeit mit

$w_d = \left(1 - \dfrac{a \cdot y}{\varrho}\right)$ bezw. $w_z = \left(1 - \dfrac{b \cdot y}{\varrho}\right)$ bewertet.

$$P \cdot (y_1 \pm e) = \frac{E_0}{\varrho} \cdot J_n \ldots \ldots (2$$

Durch Teilung der Gleichung (2) durch (1) ergibt sich die Beziehung für die Lage der Spannungsnullinie:

$$y_1 \pm e = \frac{\dfrac{E_0}{\varrho} \cdot J_n}{\dfrac{E_0}{\varrho} \cdot S_n} = \frac{J_n}{S_n} \ldots \ldots (3$$

2. Ermittelung der Randspannungen und Eisenspannungen.

Aus Gleichung

$$P = \frac{E_0}{\varrho} \cdot S_n = \frac{E_0 \cdot \varepsilon_1}{y_1} \cdot S_n \quad \ldots \quad (1$$

wird

$$\left. \begin{array}{l} E_0 \cdot \varepsilon_1 = \dfrac{P \cdot y_1}{S_n} \\[4pt] E_0 \cdot \varepsilon_2 = \dfrac{P \cdot y_2}{S_n} \end{array} \right\} \quad \ldots \quad (4a$$

und

gefunden
Die Betonrandspannungen ergeben sich dann aus den Spannungsgleichungen;

$$\left. \begin{array}{l} \sigma_1 = E_0 \cdot \varepsilon_1 (1 - a \cdot \varepsilon_1) \\ \sigma_2 = E_0 \cdot \varepsilon_2 (1 - b \cdot \varepsilon_2) \end{array} \right\} \quad \ldots \quad (4$$

Die Eisenspannungen sind gleich:

$$\left. \begin{array}{l} \sigma_{e_d} = E_e \cdot \alpha \cdot \varepsilon_1 \dfrac{y_1 - a_1}{y_1} \\[4pt] \sigma_{e_z} = E_e \cdot \alpha \cdot \varepsilon_2 \dfrac{y_2 - a_2}{y_2} \end{array} \right\} \quad \ldots \quad (5$$

und

α bedeutet das Maß nach Abschnitt 1, 3, um welches die federnde Dehnung ε größer wird, um die gesamte Dehnung des Eisens zu berücksichtigen.

Die für die Berechnung der Nullinienlage, der Betonrandspannungen und der Eisenspannungen aufgestellten Gleichungen haben allgemeine Gültigkeit; auch treffen sie unter Zugrundelegung des Hookschen Gesetzes beim exzentrischen Kraftangriff sowie für jeden Sonderfall zu; es ändern sich dann jeweils die Ausdrücke für die auf die Spannungsnullinie bezogenen Trägheits- und statischen Momente:

1. Das Hooksche Spannungsgesetz gilt:

a) Nullinienlage nach Gl. (3). (Siehe Fig. 12.)

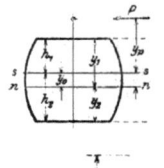

$$y_1 \pm e = \frac{J_n}{S_n};$$

$$y_0 + y_P = \frac{J_0 + F \cdot y_0{}^2}{F \cdot y_0},$$

$$y_0 = \frac{J_0}{F \cdot y_P}.$$

b) Randspannungen nach Gleichung (4a):

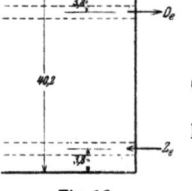

Fig. 12.

$$E_0 \cdot \varepsilon_1 = \frac{P \cdot y_1}{S_n};$$

$$\sigma_1 = \frac{P \cdot y_1}{F \cdot y_0} = \frac{P \cdot y_0 + h_1}{F \cdot y_0}$$

$$\sigma_1 = \frac{P}{F} + \frac{P \cdot h_1 \cdot y_P}{F \cdot y_0 \cdot y_P} = \frac{P}{F} + \frac{P \cdot h_1 \cdot y_P}{J_0},$$

$$\sigma_1 = \frac{P}{F} + \frac{M}{W}.$$

2. Bei reiner Biegung wird aus Gleichung (1)

$$P = \frac{E_0}{\varrho} \cdot S_n = 0 \quad \text{oder} \quad S_n = 0$$

die Nullinienlage hergeleitet; aus Gleichung (3):

$$M = \frac{E_0}{\varrho} \cdot J_n \quad \text{bezw.} \quad E_0 \cdot \varepsilon_1 = \frac{M \cdot y_1}{J_n}.$$

werden die Beton- und Eisenspannungen wie vorstehend gefunden.

IV. Über den Sicherheitsgrad unbewehrter Betonkörper bei exzentrischem Kraftangriff.

Unter dem Sicherheitsgrad einer in irgendeinem Baustoff ausgeführten Baukonstruktion ist das Maß zu verstehen, um welches die in ungünstigster Form wirkende Belastung vervielfältigt werden muß, um den Einsturz hervorzurufen. Da im allgemeinen das Hooksche Spannungsgesetz der Statik solcher Baukonstruktionen zugrunde gelegt werden wird, so stellt das Verhältnis der Festigkeit des Baustoffes zur zulässigen Spannung die Sicherheit gegen Bruch dar. Folgt jedoch der Baustoff, wie im vorliegenden Fall der Beton, dem linearen Spannungsgesetz nicht, so ist von der Höchstbelastung ausgehend auf die zulässige Belastung zu schließen und für diese sind die auftretenden größten Spannungen in den ungünstigsten Belastungsfällen aufzusuchen.

Für die Beurteilung des Sicherheitsgrades unbewehrter Betonkörper, die auf exzentrischen Druck beansprucht werden, stehen die Versuchsergebnisse der Zusammenstellung 24—28 zur Verfügung. Die Exzentrizität des Kraftangriffes betrug $e = 0, 100, 150$ und 200 mm; die Belastung wurde immer wieder von 4000 bezw. 2000 kg beginnend, allmählich bis zur Rißbildungs- und Höchstbelastung gesteigert und die gesamten und federnden Dehnungen bei 1,00 m Meßstrecke festgestellt. Die Betonkörper hatten im Mittel 250 cm Länge und quadratischen Querschnitt von 40×40 cm. Querkräfte treten infolge der gewählten Belastungsweise nicht auf.

1. Analytische Ermittelung der Lage der Spannungsnullinie und der Betonspannungen:

a) mit Berücksichtigung der Betonzugspannungen.

h = Höhe des Querschnittes,
B = Breite des Querschnittes,
±e = Abstand der exzentrisch angreifenden Kraft von der Druckseite des Körpers,

y_1 = Abstand der Nullinie des Querschnittes von der Druckseite,
y_2 = Abstand der Nullinie des Querschnittes von der Zugseite,
σ_1 = Druckrandspannung des Betons,
σ_2 = Zugrandspannung des Betons.

$i = \dfrac{y_2}{y_1}$; für $h = 1$ ist $y_1 = \dfrac{1}{1+i}$ (Fig. 13.)

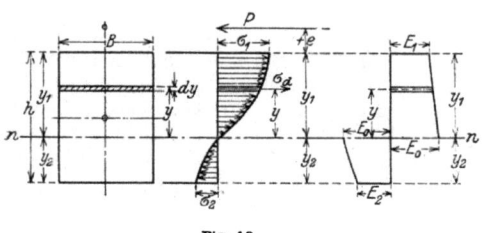

Fig. 13.

Die Lage der Spannungsnullinie nach Gl. (3) ist:

$$y_1 + e = \dfrac{J_n}{S_n}.$$

Das auf die Spannungsnullinie bezogene Trägheitsmoment:

$$J_n = \int_0^{y_1} B \cdot dy \cdot y^2 \left(1 - \dfrac{a \cdot y}{\varrho}\right) + \int_0^{y_2} B \cdot dy \cdot y^2 \left(1 - \dfrac{b \cdot y}{\varrho}\right)$$

$$J_n = B \cdot \left\{ \dfrac{1}{3}(y_1^3 + y_2^3) - \dfrac{a \cdot \varepsilon_1}{4} \left(y_1^3 + \dfrac{b}{a} \cdot \dfrac{y_2^4}{y_1} \right) \right\}.$$

$$J_n = B \cdot y_1^3 \left\{ \dfrac{1}{3}(1 + i^3) - \dfrac{a \cdot \varepsilon_1}{4} \left(1 + \dfrac{b}{a} \cdot i^4 \right) \right\} \quad \ldots \text{ (1}$$

und das statische Moment:

$$S_n = \int_0^{y_1} B \cdot dy \cdot y \left(1 - \dfrac{a \cdot y}{\varrho}\right) - \int_0^{y_2} B \cdot dy \cdot y^2 \left(1 - \dfrac{b \cdot y}{\varrho}\right)$$

$$S_n = B \cdot \left\{ \dfrac{1}{2}(y_1^2 - y_2^2) - \dfrac{a \cdot \varepsilon_1}{3} \left(y_1^2 - \dfrac{b}{a} \cdot \dfrac{y_2^3}{y_1} \right) \right\}.$$

$$S_n = B \cdot y_1^2 \left\{ \dfrac{1}{2}(1 - i^2) - \dfrac{a \cdot \varepsilon_1}{3} \left(1 - \dfrac{b}{a} \cdot i^3 \right) \right\} \quad \ldots \text{ (2}$$

$$y_1 \pm e = \dfrac{J_n}{S_n} = \dfrac{y_1 \left\{ \dfrac{1}{3}(1+i^3) - \dfrac{a \cdot \varepsilon_1}{4}\left(1 + \dfrac{b}{a} \cdot i^4\right) \right\}}{\dfrac{1}{2}(1-i^2) - \dfrac{a \cdot \varepsilon_1}{3}\left(1 - \dfrac{b}{a} \cdot i^3\right)} \quad \cdot \text{ (3}$$

$$1 \pm e(1+i) = \dfrac{\dfrac{1}{3}(1+i^3) - \dfrac{a \cdot \varepsilon_1}{4}\left(1 + \dfrac{b}{a} \cdot i^4\right)}{\dfrac{1}{2}(1-i^2) - \dfrac{a \cdot \varepsilon_1}{3}\left(1 - \dfrac{b}{a} \cdot i^3\right)} \quad \ldots \text{ (3a}$$

Wird e durch $\dfrac{e}{h=1}$ ausgedrückt, dann läßt sich i als alleinige Unbekannte in einer Gleichung vierten Grades berechnen. Selbstverständlich ist die Randdehnung an der Druckseite schätzungsweise bezw. den Versuchsergebnissen entsprechend anzunehmen. Der Einfluß von ε_1 auf die Lage der Spannungsnullinie ist sekundärer Art, da letztere in erster Linie unter Zugrundelegung des linearen Spannungsgesetzes durch die Exzentrizität des Kraftangriffes bedingt wird.

Unter Berücksichtigung des Hookschen Spannungsgesetzes wird nach Gl. (3a)

$$1 \pm e \cdot (1 + i_1) = \dfrac{\dfrac{1}{3}(1 + i_1^3)}{\dfrac{1}{2}(1 - i_1^2)}.$$

daraus

$$i_1 = \dfrac{1 \pm 3e}{2 \pm 3e} \quad \ldots \ldots \ldots \text{ (4}$$

Ist durch i_1 die Lage der Spannungsnullinie unter Beobachtung des linearen Spannungsgesetzes bestimmt, dann erfährt diese durch die Einführung des parabolischen Spannungsgesetzes eine Verschiebung $+\varDelta i$, die, wie sich durch Vergleichsrechnung und an der Hand der Versuchsergebnisse zeigen läßt, sehr klein im Verhältnis zu i ist, so daß ohne irgend welchen besonderen nennenswerten Einfluß auf die genügend genaue Durchführung der Berechnung, die mit $\varDelta i^2$, $\varDelta i^3$ und $\varDelta i^4$ behafteten Größen vernachlässigt werden können. (Anwendung des „Binomischen Satzes").

Aus der Gleichung:

$$1 \pm e(1 + i_1 + \varDelta i)$$
$$= \dfrac{\dfrac{1}{3}(1 + (i_1 + \varDelta i)^3) - \dfrac{a \cdot \varepsilon_1}{4}\left(1 + \dfrac{b}{a}(i_1 + \varDelta i)^4\right)}{\dfrac{1}{2}(1 - (i_1 + \varDelta i)^2) - \dfrac{a \varepsilon_1}{3}\left(1 - \dfrac{b}{a}(i_1 + \varDelta i)^3\right)}$$

folgt der Wert für

$$\varDelta i_1 = \dfrac{\dfrac{\varepsilon_1 \cdot a}{3}\left(1 - \dfrac{b}{a} i_1^3\right)(1 \pm e(1+i_1)) - \dfrac{\varepsilon_1 \cdot a}{4}\left(1 + \dfrac{b}{a} i_1^4\right)}{\pm e\left\{\dfrac{1}{2}(1 - i_1^2) - \dfrac{\varepsilon_1 \cdot a}{3}\left(1 - \dfrac{b}{a} i_1^3\right)\right\} - i_1(1 \pm e)(1 + i_1)(1 - i_1 b \cdot \varepsilon)} \quad \ldots \text{ (5}$$

Lage der Spannungsnullinie:

$$i = i_1 + \mathit{J} i_1 \ldots \ldots \ldots (6$$

Aus der Gl. (1) und (2) Abschnitt III ergibt sich

$$E_0 \cdot \varepsilon_1 = \frac{P \cdot y_1}{S_n} \text{ bezw.} = \frac{P \cdot y_1 (y_1 + e)}{J_n}.$$

$$E_0 \cdot \varepsilon_1 = \frac{P}{B \cdot y_1 \left\{ \frac{1}{2}(1-i^2) - \frac{a\,\varepsilon_1}{3}\left(1 - \frac{b}{a}i^3\right)\right\}} \ldots (7$$

woraus ε_1 zu ermitteln ist.

$$\varepsilon_2 = \varepsilon_1 \cdot i.$$

Besteht die Gültigkeit des Hoockschen Gesetzes, dann ist für

$$i = \frac{1 \pm 3e}{2 \pm 3e}$$

in obiger Gleichung

$$E_0 \cdot \varepsilon_1 = \sigma_1 = \frac{P}{B \cdot \frac{1}{1+i} \cdot \frac{1}{2}(1-i^2)}$$

eingesetzt

$$\sigma_1 = \frac{P}{B \cdot h(=1)} + \frac{P\left(\frac{1}{2}h(=1) \pm e\right)}{\frac{B \cdot h^2(=1)}{6}},$$

oder in allgemeiner Form

$$\sigma_1 = \frac{P}{F} + \frac{M}{W}.$$

Die Betonrandspannungen berechnen sich aus dem Spannungsgesetz:

$$\left.\begin{array}{l} \sigma_1 = 311\,000\,\varepsilon_1(1 - 450 \cdot \varepsilon_1) \\ \sigma_2 = 311\,000\,\varepsilon_2(1 - 3130 \cdot \varepsilon_2) \end{array}\right\} \ldots (8$$

b) Ohne Berücksichtigung der Betonzugspannungen:

Nach Gl. (3)

$$y_1 \pm e = \frac{y_1\left(\frac{1}{3} - \frac{\varepsilon_1 \cdot a}{4}\right)}{\frac{1}{2} - \frac{\varepsilon_1 \cdot a}{3}}.$$

$$y_1 = \pm e \frac{(6 - 4\,\varepsilon_1 \cdot a)}{2 - \varepsilon_1 \cdot a} \ldots \ldots (9$$

$$i = -\frac{2 - \varepsilon_1 \cdot a}{\pm e(6 - 4\,\varepsilon_1 \cdot a)} - 1 \ldots (9a$$

Treten an der Zugseite bei exzentrischer Belastung der Betonkörper Risse auf, sollen also die Betonzugspannungen nicht berücksichtigt werden, dann wird die Lage der Spannungsnullinie durch die einfache Gl. (9) vom ersten Grad bestimmt.

Für den Belastungsfall $e = 0$, ist auch $y_1 = 0$; d. h. sobald P die Höhe der Rißbildungslast erreicht und das Aufklaffen an der Zugseite beginnt, wird durch das auftretende Umsturzmoment der Bruch bewirkt; die Druckfestigkeit kommt also an der Druckseite des Betonkörpers nicht zum Ausdruck. Das gleiche gilt für $e > 0$.

2. Der Kern des Querschnittes bei verschiedener Belastung.

Die Lage der exzentrisch angreifenden Kraft umzeichnet den Kern des Querschnittes, für welche die Spannungsnullinie den Querschnitt berührt. Zugspannungen treten also nicht auf. Die Exzentrizität e legt die Lage der Kernlinie fest, die ihren Ausdruck durch die Gleichung

$$h - e = \frac{J_n}{S_n} = \frac{B\left\{h^3\left(\frac{1}{3} - \frac{a \cdot \varepsilon_1}{4}\right)\right\}}{B\left\{h^2\left(\frac{1}{2} - \frac{a \cdot \varepsilon_1}{3}\right)\right\}}$$

$$e = \frac{h(2 - a \cdot \varepsilon_1)}{6 - 4\,a \cdot \varepsilon_1} \ldots \ldots \ldots (10$$

erhält.

Die Größe des Kernes ändert sich mit der Randdehnung ε_1, also mit der Belastungsgröße und fällt bei $\varepsilon_1 = 0$ im spannungslosen Zustand, mit derjenigen für das gradlinige Spannungsgesetz zusammen. Bei der Höchstbelastung für $\varepsilon_1 = \frac{1}{2a}$ wird $e = 0{,}375\,h$, der Kern wird bei höherer Beanspruchung kleiner. Die Höchstbelastung ist gleich:

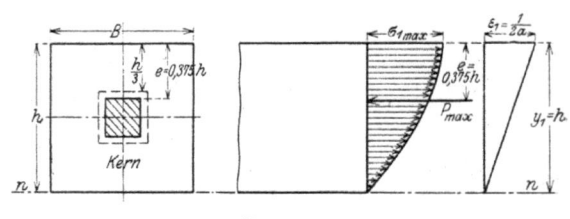

Fig. 14.

$$P_{max} = \frac{E_0}{\varrho} \cdot S_n$$

$$= \frac{E_0}{\varrho} \cdot B \cdot y_1^2 \left\{ \frac{1}{2}(1-i^2) - \frac{a \cdot \varepsilon_1}{3}\left(1 - \frac{b}{a}i^3\right) \right\}$$

$$= \frac{311\,000 \cdot 40 \cdot 40}{2 \cdot 450}\left(\frac{1}{2} - \frac{1}{6}\right)$$

$$= 184\,300 \text{ kg.}$$

3. Der wirksame Querschnitt für den Zustand des Bruches.

Die Versuche lehren, daß mit zunehmender Belastung die Risse größer werden, daß gewissermaßen die Längsfasern an der Zugseite abreißen, sobald ihre Zugfestigkeit erreicht ist. Dementsprechend schreitet die Rißbildung solange fort, bis durch Erschöpfung der Festigkeit des Betons an der Druckseite der Bruch des Körpers erfolgt.

Die Druckspannungen des Betons erreichen nach Abschnitt II, 2 für

$$\varepsilon_d = \frac{1}{2a}$$

$$\sigma_{d_{max}} = 311\,000 \cdot \varepsilon_d (1 - a \cdot \varepsilon_1)$$

mit $\sigma_{d_{max}} = 172{,}6$ kg/cm² ihren Höchstwert, und es liegt die vorläufige Vermutung nahe, die sich später bestätigen wird, daß auch die Zugfestigkeit des Betons den Wert erlangt, der sich für

$$\varepsilon_z = \frac{1}{2b}$$ aus dem Spannungsgesetz für die Zugfestigkeit der Betonprismen

$$\sigma_z = 311\,000 \cdot \varepsilon_z (1 - 3130 \cdot \varepsilon_z)$$

$$\sigma_{z_{max}} = 24{,}9 \text{ kg/cm}^2$$

ergibt; zwar liefern die Versuche für die mittlere Zugfestigkeit, deren Durchführung infolge der großen Schwierigkeit, die Zugkraft genau achsial angreifen zu lassen, praktisch besonders schwer zu erzielen ist, nur den Wert von

17,4 kg/cm².

Die Rißbildung entsteht durch Überwindung der Betonfestigkeit an der Zugseite des Körpers, dessen Größtwert nach dem Spannungsgesetz für $\varepsilon_2 = \frac{1}{2b}$ auftritt. Nach Gleichung (1) und (2) weiter oben wird die Lage der Nullinie bestimmt durch

$$y_1 - e = \frac{J_n}{S_n} = \frac{B\left\{y_1^3\left(\frac{1}{3} - \frac{a \cdot \varepsilon_1}{4}\right) + y_2^3\left(\frac{1}{3} - \frac{b \cdot \varepsilon_2}{4}\right)\right\}}{B\left\{y_1^2\left(\frac{1}{2} - \frac{a \cdot \varepsilon_1}{3}\right) - y_2^2\left(\frac{1}{2} - \frac{b \cdot \varepsilon_2}{3}\right)\right\}}$$

und für $\varepsilon_2 = \frac{1}{2b}$

und $y_2 = \frac{y_1 \cdot \varepsilon_2}{\varepsilon_1} = y_1 \cdot \frac{1}{2b \cdot \varepsilon_1}$

wird $y_1 - e = \dfrac{y_1\left\{\dfrac{1}{3} - \dfrac{a \cdot \varepsilon_1}{4} + \dfrac{5}{192 \cdot b^3 \cdot \varepsilon_1^3}\right\}}{\dfrac{1}{2} - \dfrac{a \cdot \varepsilon_1}{3} - \dfrac{1}{12 \cdot b^2 \cdot \varepsilon_1^2}}$. (10

(Siehe Figur 15.)

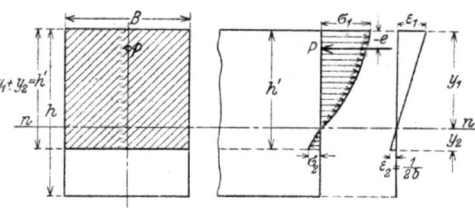

Fig. 15.

Die Höhe des wirksamen Querschnittes $h' = y_1 + y_2$. Die Rißlänge $= h - h'$.

Wird der Bruchzustand der unbewehrten Betonkörper infolge gleichzeitigen Erreichens ihrer Festigkeiten an der Druck- und Zugseite herbeigeführt, dann liegt eine bestimmte Exzentrizität des Kraftangriffes vor. Die Lage der Spannungsnullinie ist bedingt durch

$$i = \frac{y_2}{y_1} = \frac{a}{b}$$

Die Exzentrizität e des wirksamen Querschnittes wird nach Gleichung (10)

$$e = \frac{5i^2 + 3i - 3}{8(1-i)^2}$$

und für $i = \dfrac{a}{b} = \dfrac{450}{3130} = 0{,}144$,

$$\underline{e = -0{,}315\,h} \ldots \ldots \ldots (11$$

und die Höhe des wirksamen Querschnittes

$$h' = \frac{e}{e'_1} \ldots \ldots (12$$

Die Höchstbelastung P erhält für diesen Bruchzustand die Größe nach Gleichung (7)

$$P = E_0 \cdot \varepsilon_1 \cdot B \cdot y_1 \left\{ \frac{1}{2}(1-i^2) - \frac{a \cdot \varepsilon_1}{3}\left(1 - \frac{b}{a}i^3\right)\right\}$$

$$= E_0 \cdot \varepsilon_1 \cdot B \cdot y_1 \cdot \frac{1}{3}(1-i^2) = \frac{E_0}{6a} \cdot B \cdot (1-i),$$

$$\underline{P = 98{,}60 \cdot B} \ldots \ldots (13$$

für $h' = h = 1$.

Für $h = 40$ cm und $b = 40$ cm beträgt die Exzentrizität des Kraftangriffes
$$20 - 0{,}315 \cdot 40 = 7{,}4 \text{ cm}$$
und die Höchstbelastung
$$P_{max} = 98{,}60 \cdot 40 \cdot 40 \text{ kg}$$
$$= 157\,760 \text{ kg}.$$

4. Vergleichende Zusammenstellung der analytisch ermittelten und aus den Versuchen sich ergebenden Werte für die Lage der Spannungsnullinie und Betonspannungen bei den verschiedenen Belastungsstufen.

Die unbewehrten Betonkörper nach Fig. 14 wurden exzentrisch mit sich steigernden, immer mit der kleinen Anfangsbelastung wieder beginnenden Druck belastet nungsgesetzes gegenübergestellt, welche wie folgt berechnet worden sind.

Nach Tabelle 4 ist:
Abstand der exzentrischen Belastung P vom Schwerpunkt $= 100$ mm; also
$$-e = \frac{100}{400} = \frac{1}{4}.$$

Rißbildungslast $P = 94\,330 - 2000 = 92\,330$ kg
$B = 40{,}05$,
$h = 40{,}3$,
$E = 311\,000$,
$a = 450$,
$b = 3130$,
$\varepsilon_1 = \frac{5{,}8}{10\,000}$

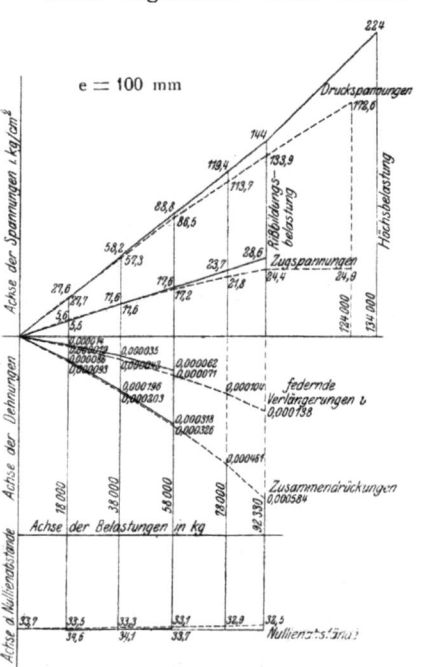

Fig. 16.

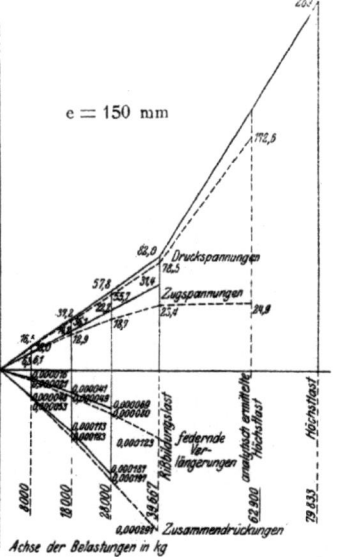

Fig. 17.

Nach Gl. (4) $i' = \dfrac{1 - 3 \cdot \frac{1}{4}}{2 - 3 \cdot \frac{1}{4}} = 0{,}2$.

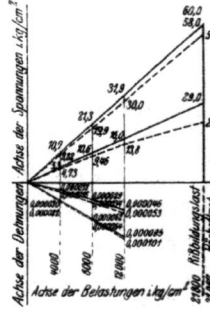

und an ihren Zug- und Druckseiten die gesamten, bleibenden und federnden Dehnungen festgestellt. Die Versuchsergebnisse mit dem exzentrischen Kraftangriff $e = 100$, 150 und 200 mm sind in den Tabellen 25, 26 und 27 niedergelegt und in 28 die unter Zugrundelegung des Hookschen Spannungsgesetzes ermittelten Betonspannungen, die sich für die Rißbildungs- und Höchstbelastungen ergeben, zusammengestellt.

In den nebenstehenden graphischen Auftragungen (Fig. 16 und 17) befinden sich diesen Ergebnissen die analytisch ermittelten Werte unter Berücksichtigung des parabolischen Span-

Tabelle 4.
Sechsfache Sicherheit gegen Rissebildung:
Zulässige Spannungen und vorhandene Sicherheitsgrade gegen Bruch.

Kraftangriff	$e = 10$	$e = 15$	$e = 20$ cm
zulässige Belastung in kg	15 000	6700	3700
zul. Druckspannung in kg/cm^2	23,1	13,3	9,0
zul. Zugspannung in kg/cm^2	4,7	5,1	4,3
Sicherheitsgrad gegen Bruch	8,7	12,1	6,05

— 23 —

Nach Gl. (5)

$$Ji = \frac{\varepsilon_1 \cdot \frac{450}{3}\left(1 - \frac{3130}{450} \cdot 0{,}2^3\right)\left[1 - \frac{1}{4}(1+0{,}2)\right] - \frac{\varepsilon_1 \cdot 450}{4}\left(1 + \frac{3130}{450} \cdot 0{,}2^4\right)}{-\frac{1}{4}\left\{\frac{1}{2}(1-0{,}2^2) - \frac{\varepsilon_1 \cdot 450}{3}\left(1 - \frac{3130}{450} \cdot 0{,}2^3\right)\right\} - 0{,}2\left[1 - \frac{1}{4}\right][1+0{,}2](1 - 0{,}2 \cdot 3130 \cdot \varepsilon_1)}$$

$$= \frac{-14{,}6\,\varepsilon_1}{148{,}1 \cdot \varepsilon_1 - 0{,}30} = \frac{-14{,}6}{148{,}1 \cdot \frac{0{,}30 \cdot 10\,000}{5{,}8}} = 0{,}040.$$

$$i = 0{,}2 + 0{,}040 = \mathbf{0{,}240},$$

$$y_1 = \frac{h}{1+i} = \frac{40{,}3}{1{,}24} = 32{,}5 \text{ cm},$$

nach Gl. (7): $E_0 \cdot \varepsilon_1 =$

$$\frac{92\,330}{40{,}05 \cdot 32{,}5\left\{\frac{1}{2}(1-0{,}24^2) - \frac{450 \cdot 5{,}8}{3 \cdot 10\,000}\left(1 - \frac{3 \cdot 130}{450} \cdot 0{,}24\right)\right\}},$$

$$E_0 \cdot \varepsilon_1 = 181{,}9,$$

$$\varepsilon_1 = \frac{181{,}9}{311\,000} = \frac{5{,}85}{10\,000},$$

$$\varepsilon_2 = i \cdot \varepsilon_1 = \frac{0{,}24 \cdot 5{,}58}{10\,000} = \frac{1{,}4}{10\,000},$$

$$\sigma_d = \frac{311\,000 \cdot 5{,}85}{10\,000}\left(1 - \frac{450 \cdot 5{,}85}{10\,000}\right) = \mathbf{133{,}9 \text{ kg/cm}^2},$$

$$\sigma_z = \frac{311\,000 \cdot 1{,}40}{10\,000}\left(1 - \frac{3130 \cdot 1{,}40}{10\,000}\right) = \mathbf{24{,}4 \text{ kg/cm}^2}.$$

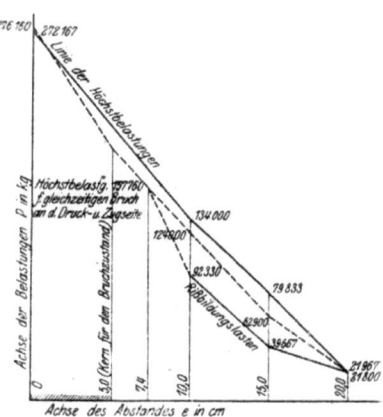

Fig. 18.

Zur Prüfung dient die Gleichung:

$$P(y_1 - e) = \frac{E_0 \cdot \varepsilon_1}{y_1} \cdot J_n$$

$$92\,330\,(32{,}5 - 10) = \frac{311\,000 \cdot 5{,}85}{10\,000 \cdot 32{,}5} \cdot 40{,}05 \cdot 32{,}5^3\left\{\frac{1}{3}(1+0{,}24^3) - \frac{450 \cdot 5{,}85}{4 \cdot 10\,000}\left(1 + \frac{3130}{450} \cdot 0{,}24^4\right)\right\}$$

$$20{,}77 \text{ mt} = 20{,}63 \text{ mt}.$$

Wird die Rißbildungslast bis zur Höchstbelastung gesteigert, dann werden die Querrisse größer und der wirksame Querschnitt kleiner. Nach Gl. (12) IV, 3 ist die Höhe des wirksamen Querschnittes gleich:

$$h' = \frac{e}{e'} = \frac{10 \text{ cm}}{0{,}315} = 31{,}7 \text{ cm},$$

$$y_1 = \frac{h}{1+i} = \frac{31{,}7}{1+0{,}144} = 27{,}7 \text{ cm},$$

$$y_2 = 31{,}7 - 27{,}7 = 4{,}0 \text{ cm}.$$

Die Bruchbelastung nach Gl. (13)
$$P = 98{,}60 \cdot B \cdot h' = 98{,}60 \cdot 40{,}05 \cdot 31{,}7,$$
$$= 124\,000 \text{ kg},$$

ein Wert der dem Mittelwert von 136 000 kg sehr nahe kommt.

Für den exzentrischen Kraftangriff $e = 150$ mm wird die Höhe des wirksamen Querschnittes

$$h' = \frac{20-15}{0{,}315} = 15{,}9 \text{ cm},$$

$$y_1 = \frac{15{,}9}{1{,}144} = 13{,}9 \text{ cm},$$

$$y_2 = 2{,}0 \text{ cm}.$$

Die Bruchbelastung ergibt
$$P = 98{,}60 \cdot 40{,}1 \cdot 15{,}9 = 62\,900 \text{ kg},$$

welche dem Mittelwert aus den Versuchsergebnissen 79 833 kg gegenüber zu stellen ist.

Wie vorstehend an einem Beispiele gezeigt, sind für die auf exzentrischen Druck beanspruchten unbewehrten Betonkörper mit $e = 10, 15$ und 20 cm analytisch die Lage der Nullinie, die Betonspannungen und Dehnungen an der Druck- und Zugseite ermittelt. Um aus der Gegenüberstellung der Rechnungswerte und der Versuchsergebnisse, die sich bei den verschiedenen Belastungen ergeben haben, beweiskräftige Schlußfolgerungen ziehen zu können, sind für den exzentrischen Kraftangriff $e = 10$ cm (Fig. 16) die Spannungen, Dehnungen und die Lage der Spannungsnullinie für die bei den Versuchen gewählten Belastungen graphisch aufgetragen. Fig. 17 zeigt die Spannungen und Dehnungen für den exzentrischen Kraftangriff $e = 15$ und 20 cm und nach Darstellung Fig. 18 sind die durch Versuche erzielten und durch die statische Berechnung sich ergebenden Rißbildungs- und Höchstbelastungen für:

$e = 0$,
$e = 7,4$,
$e = 10,0$,
$e = 15,0$ und
$e = 20,0$ cm

graphisch aufgetragen.

Schlußfolgerungen.

Aus den graphischen Auftragungen Fig. 16 und 17 ist eine gute Übereinstimmung zwischen den federnden Dehnungen an der Druck- und Zugseite, wie sie sich aus den Versuchen und der aufgestellten statischen Berechnung ergeben haben, klar zu erkennen. Aus dieser Feststellung kann geschlossen werden, daß die Zugrundelegung des parabolischen Spannungsgesetzes nach Fig. 9 bis zur Druckanstrengung von 86,5 kg/cm² (Belastungsfall 58 000 kg, $e = 10$ cm) und bis zur Zuganstrengung von 18,7 kg/cm² (Belastungsfall 28 000 kg, $e = 15$ cm) für den gewählten Berechnungswert unter Annahme des Ebenbleibens des Querschnittes nach eingetretener Formänderung den vorliegenden Versuchsergebnissen gut entspricht. Auch das gesetzmäßige Wandern der Nullinie von der Zug- nach der Druckseite bei stärkerer Belastung in ihrer Größe und ihrem Sinn ist kennzeichnend für diese Schlußfolgerung.

Daß die Druckfestigkeit des Betons für die Körper im Sinne des Spannungsgesetzes bei 172,6 kg/cm² zu suchen ist und nicht die Würfelfestigkeit von 225 kg/cm² erreicht, haben die Versuchsergebnisse aus der zentrischen Belastung des Betonkörpers ergeben.

Als Zugfestigkeit des Betons dagegen ist nicht der Mittelwert 17,4 kg/cm² für die Prismenzugfestigkeit anzusehen, sondern sie wird den Größtwert von 24,9 kg/cm² nach dem Spannungsgesetz erreichen. Versuche und Rechnung erzielten in guter Übereinstimmung die Zuganstrengung von 18,7 kg/cm² für $e = 15$ cm bei der Belastung von 28 000 kg, während die Rißbildungslast erst mit 39 667 kg gefunden werden konnte.

Die Berechnung der Zuganstrengung beim Erreichen der Rißbildungslast selbst lieferte für $e = 10, 15$ und 20 cm die Werte von 22,0, 23,4 und 24,4 kg/cm², die fast dem Größtwert der Zugfestigkeit nach dem Spannungsgesetz gleich kommt.

Es kann aus den vorliegenden Versuchsergebnissen für die auf zentrischen und exzentrischen Druck beanspruchten unbewehrten Betonkörper die Gültigkeit der Spannungsgesetze nach der graphischen Figur 7 bis zum Bruch gefolgert werden, die auch durch die gute Übereinstimmung der Höchstbelastungen nach den Versuchen und der Berechnung, dargestellt in Figur 18, bestätigt wird.

Wertvolles Material über das elastische Verhalten des Betons der auf Achsialdruck und Biegung beanspruchten Körper werden die Versuche mit exzentrischem Kraftangriff $e = 7,4$ cm und $e = 5,0$ cm Kerngrenze ergeben; im ersten Belastungsfall erfolgt der Bruch durch gleichzeitiges Überschreiten der Betonfestigkeiten an der Druck- und Zugseite und im zweiten Fall treten nur Druckspannungen im Querschnitt auf. Nach der graphischen Darstellung 18 würden sich solche Versuchsergebnisse mit den statisch ermittelten Höchstlasten decken. Da für diese vorgeschlagenen Belastungsfälle keine Rißbildung vor dem Bruch eintritt, sind auch die Randdehnungen bei höheren Anstrengungen zu messen und die Lage der Nullinie in der Nähe der Bruchbelastung sicher festzustellen.

Im Anschluß an diese Folgerungen ist über den Sicherheitsgrad der unbewehrten Betonkörper, die auf zentrischen und exzentrischen Druck beansprucht werden, zu sagen, daß für das für die Versuche gewählte Mischungsverhältnis des Betons bei zentrischer Belastung die Sicherheit z. B. nicht $1/10$ der Würfelfestigkeit, sondern $1/10 \times 172,6 = 17,26$ kg/cm² gewählt werden muß; für den exzentrischen Kraftangriff ergibt sich gegen den Bruch ein ganz anderer Sicherheitsgrad als gegen die Rissebildung, den Beginn der Zerstörung. Soll gegen letztere z. B. eine fünffache Sicherheit gewährleistet werden, dann dürfen für den in der Zusammenstellung auf Tabelle 4 im Mittel 4,7 kg/cm² Zugspannungen zugelassen werden und die Sicherheit gegen Bruch wäre für

$e = 10$ cm 8,7 fache,
$e = 15$ „ 12,1 „
$e = 20,0$ 6,05 „

V. Über den Sicherheitsgrad bewehrter Betonkörper bei exzentrischem Kraftangriff.

Bei der Aufstellung der Spannungsgesetze für den bewehrten Beton ist nachgewiesen worden, daß sowohl bei den bewehrten wie unbewehrten Betonkörpern das elastische Verhalten des Betons bis zu der Beanspruchung von über 110 kg/cm² das gleiche ist und für beide dasselbe parabolische Spannungsgesetz gilt.

A. Betonkörper mit Bewehrung in der Zugzone.

1. Analytische Ermittelung der Nullinienlage, Beton- und Eisenspannungen.

a) bei vollem, wirksamen Betonquerschnitt bis zur Rißbildung an der Zugseite.

Die Lage der Spannungsnullinie nach Gl. (3) und nebenstehender Skizze:

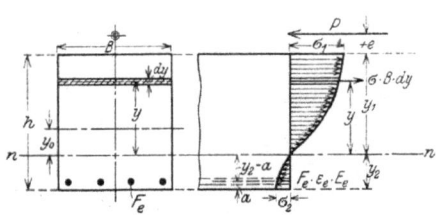

Fig. 19.

$$y_1 + e = \frac{J_n}{S_n} = \frac{B\left\{\int_0^{y_1} y^2 \cdot dy\left(1 - \frac{a \cdot y}{\varrho}\right) + \int_0^{y_2} y^2 \cdot dy\left(1 - \frac{b \cdot y}{\varrho}\right) + \alpha(n-1)f_e(y_2-a)^2\right\}}{B\left\{\int_0^{y_1} y \cdot dy\left(1 - \frac{a \cdot y}{\varrho}\right) - \int_0^{y_2} y \cdot dy\left(1 - \frac{b \cdot y}{\varrho}\right) - \alpha(n-1)f_e(y_2-a)\right\}} \quad \ldots \text{(1)}$$

$$y_1 + e = \frac{\frac{1}{3}(y_1^3 + y_2^3) - \frac{a \cdot \varepsilon_1}{4} y_1^3 - \frac{b \cdot \varepsilon_2}{4} y_2^3 + \alpha(n-1)f_e(y_2-a)^2}{\frac{1}{2}(y_1^2 - y_2^2) - \frac{a \cdot \varepsilon_1}{4} y_1^2 + \frac{b \cdot \varepsilon_2}{4} y_2^2 - \alpha(n-1)f_e(y_2-a)}$$

$$y_1 = \frac{1}{2} + y_0; \quad y_2 = \frac{1}{2} - y_0.$$

$$\frac{1}{2} + y_0 + e = \frac{\frac{1}{12} + y_0^2 + \alpha(n-1)f_e\left(\frac{1}{2} - y_0 - a\right)^2 - \frac{a \cdot \varepsilon_1 + b \cdot \varepsilon_2}{4}\left(\frac{3}{2}y_0^2 + \frac{1}{8}\right) - \frac{a \cdot \varepsilon_1 - b \cdot \varepsilon_2}{4}\left(y_0^3 + \frac{3}{4}y_0\right)}{y_0 - \alpha(n-1)f_e\left(\frac{1}{2} - y_0 - a\right) - \frac{a \cdot \varepsilon_1 + b \cdot \varepsilon_2}{3} y_0 - \frac{a \cdot \varepsilon_1 + b \cdot \varepsilon_2}{3}\left(y_0^2 + \frac{1}{4}\right)} \quad \text{(1)}$$

Besteht die Gültigkeit des linearen Spannungsgesetzes, so wird

$$y_0^1 = \frac{\frac{1}{12} + \left(\frac{1}{2} - a\right)(1 + e - a)\alpha(n-1)f_e}{\frac{1}{2} + e + (1 + e - a)\alpha(n-1)f_e} \quad \text{(1 a)}$$

und soll das parabolische Spannungsgesetz dem Rechnungsverfahren zugrunde gelegt werden dann ist

$$y_0 = y_0' + \Delta y,$$

Δy_0 ist im Verhältnis zu y_0 so klein, daß die Δy_0^2 Glieder unter Anwendung des binomischen Satzes gewissermaßen als Größen zweiter Ordnung angenähert vernachlässigt werden können. Eine Prüfung durch y_0 bestätigte dies.

$$\Delta y_0 = \frac{-\frac{a \cdot \varepsilon_1 + b \cdot \varepsilon_2}{12}\left\{\frac{y_0'^2}{2} + \frac{3}{8} - 4y_0'\left(\frac{1}{2} + e\right)\right\} + \frac{a \cdot \varepsilon_1 - b \cdot \varepsilon_2}{12}\left\{(4y_0'^2 + 1)\left(\frac{1}{2} + e\right) + y_0'\left(y_0'^2 - \frac{5}{4}\right)\right\}}{\frac{1}{2} + e + (1 + e - a)\alpha(n-1)f_e - \frac{a \cdot \varepsilon_1 + b \cdot \varepsilon_2}{12}\left\{4\left(\frac{1}{2} + e\right) - y_0'\right\} - \frac{a \varepsilon_1 - b \varepsilon_2}{12}\left\{3y_0'^2 + 8y_0'\left(\frac{1}{2} + e\right) - \frac{5}{4}\right\}} \quad \text{(1b)}$$

$$P = \frac{E_0}{\varrho} \cdot S_n = \frac{E_0 \cdot \varepsilon_1}{y_1} \cdot B \left\{ \frac{1}{2}(y_1^2 - y_2^2) - (n-1)\alpha \cdot f_e)(y_2 - a) - \frac{a \varepsilon_1}{3} y_1^2 + \frac{b \varepsilon_2}{3} y_2^2 \right\}.$$

$$E_0 \cdot \varepsilon_1 = \frac{P \cdot y_1}{B \left\{ \frac{1}{2}(y_1^2 - y_2^2) - \alpha(n-1) f_e (y_2 - a) - \frac{a \cdot \varepsilon_1}{3} \cdot y_1^2 + \frac{b \cdot \varepsilon_2}{3} \cdot y_2^2 \right\}} \quad \ldots \ldots (2$$

$$\left. \begin{array}{l} \sigma_1 = E_0 \cdot \varepsilon_1 (1 - a \cdot \varepsilon_1) \\ \varepsilon_2 = \dfrac{\varepsilon_1 \cdot y_2}{y_1} \\ \sigma_2 = E_0 \cdot \varepsilon_2 (1 - b \cdot \varepsilon_2) \end{array} \right\} \quad \ldots (2a$$

$$\sigma_v = E_e \cdot \alpha \cdot \varepsilon_2 \cdot \frac{y_2 - a}{y_2} \quad \ldots \ldots (3$$

In Gl. (2) beeinflußt ε_1 in dem Ausdruck S_n den Wert $E_0 \cdot \varepsilon_1$ und die damit zu suchende Spannung nur in zweiter Linie. Zur Prüfung der Ergebnisse dient:

$$P(y_1 + e) = \frac{E_0}{\varrho} \cdot J_n \quad \ldots \ldots (4$$

b) beim wirksamen Querschnitt zwischen Rißbildungs- und Bruchbelastung.

Sobald sich bei zunehmender Belastung Risse an der Zugseite erkennen lassen, hört auch teilweise die Mitwirkung des Betons an der Aufnahme der Zugspannungen auf. Die Höhe des wirksamen Querschnittes des Betons in der Zugzone zwischen der Rißbildungs- und Bruchbelastung ist in nebenstehender Skizze mit y_2' bezeichnet, es ist:

$$y_2' = \frac{y_1 \cdot \varepsilon_2'}{\varepsilon_1},$$

für $\sigma_{z_{max}}$ ist $\quad \varepsilon_2' = \dfrac{1}{2b},$

also $\quad y_2' = y_1 \cdot \dfrac{1}{2 b \cdot \varepsilon_1}.$

Die Lage der Nullinie wird nach Gl. (10) und Gl. (1) weiter oben

$$y_1 + e = \frac{y_1^3 \left(\dfrac{1}{3} - \dfrac{a \varepsilon_1}{4} + \dfrac{5}{192 b^3 \varepsilon_1^3} \right) + \alpha(n-1) f_e (1 - y_1 - a)^2}{y_1^2 \left(\dfrac{1}{2} - \dfrac{a \varepsilon_1}{3} - \dfrac{1}{12 b^2 \varepsilon_1^2} \right) + \alpha(n-1) f_e (1 - y_1 - a)} \quad (5$$

Nach Gl. (1a) wird

$$y_1' = \frac{1}{2} + y_0'$$

ermittelt und $\quad y_1 = y_1' + \varDelta y_1$ gefunden.

Eine zweite Berichtigung zur Prüfung ist wünschenswert.

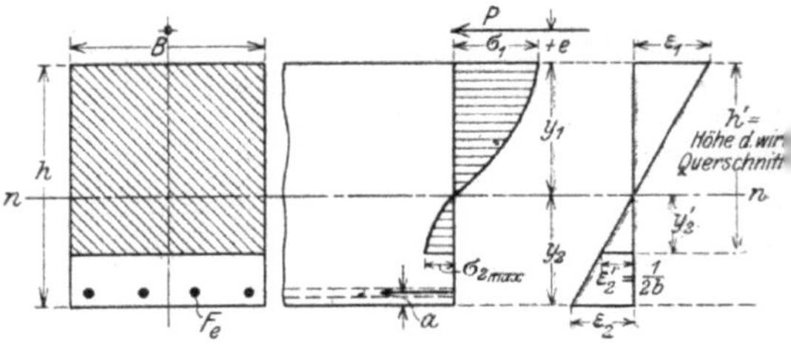

$$\varDelta y_1 = \frac{-\dfrac{y_1'^2}{6}(y_1' + 3e) + \alpha(n-1) f_e (1 - a + e)(1 - a - y_1') + \left(\dfrac{a \varepsilon_1}{3} + \dfrac{1}{12 b^2 \varepsilon_1^2}\right) y_1'^2 (y_1' + e) - \left(\dfrac{a \varepsilon_1}{4} - \dfrac{5}{192 b^3 \varepsilon_1^3}\right)}{y_1' \left(\dfrac{y_1'}{2} + e\right) + \alpha(n-1) f_e (1 - a + e) - \left(\dfrac{a \varepsilon_1}{3} + \dfrac{1}{12 b^2 \varepsilon_1^2}\right) y_1'(3y_1' + 2e) + \left(\dfrac{a \varepsilon_1}{4} + \dfrac{5}{192 b^3 \varepsilon_1^3}\right) 3 y_1'^2} \quad (5a$$

Fig. 20.

$$E_0 \cdot \varepsilon_1 = \frac{P \cdot y_1}{B \left\{ y_1^2 \left(\dfrac{1}{2} - \dfrac{a \varepsilon_1}{3} - \dfrac{1}{12 b^2 \varepsilon_1^2} \right) - \alpha(n-1) f_e (1 - y_1 - a) \right\}} \quad (6$$

$$\left. \begin{array}{l} \sigma_1 = E_0 \cdot \varepsilon_1 (1 - a \cdot \varepsilon_1) \\ \sigma_2 = 24{,}9 \text{ kg/cm}^2 \end{array} \right\} \quad \ldots (6a$$

$$\sigma_e = \alpha \cdot E_e \cdot \varepsilon_1 \left(\frac{y_2 - a}{y_1} \right) \quad \ldots (7$$

Zur Prüfung der Ergebnisse dient:

$$P \cdot (y_1 + e) = \frac{E_0}{\varrho} \cdot J_n \quad \ldots (8$$

2. Vergleichende Zusammenstellung der Rechnungs- und Versuchsergebnisse.

Der Rechnungsgang, wie er für die Ermittlung der Nullinienlage, Beton- und Eisenspannungen bei verschiedenen Belastungen bei dem exzentrischen Kraftangriff $e = 200$, 300 und 500 mm in den umstehenden graphischen Darstellungen (Fig. 21, 22 und 23) durchgeführt wurde, soll an folgendem Beispiel gezeigt werden:

Nach Zusammenstellung 6:

Exzentrischer Kraftangriff $e = 300$ mm.

1. Belastung unmittelbar vor der Rißbildung

$19\,330 - 2000 = 17\,333$ kg.

$B = 40{,}0$ cm,
$h = 40{,}1$ cm,
$f_e = 8{,}28$ cm^2,
$a = 3{,}6$ cm,
$e = +\dfrac{100}{400} = +\dfrac{1}{4},$
$n = \dfrac{E_e}{E_0} = \dfrac{2\,150\,000}{311\,000} = 6{,}92,$

$$\alpha(n-1)f_e = \frac{1,15 \cdot 5,92 \cdot 8,28}{40 \cdot 40,1} = 0,036,$$

$$a = \frac{3,6}{40,1} = 0,09.$$

Sofern die Gültigkeit des linearen Spannungsgesetzes besteht, ist die Nullinienlage nach Gleichung (1 a):

$$y_0' = \frac{\frac{1}{12} + \left(\frac{1}{2} - 0,09\right)\left(1 + \frac{1}{4} - 0,09\right) \cdot 0,036}{\frac{1}{2} + \frac{1}{4} + \left(1 + \frac{1}{4} - 0,09\right) \cdot 0,036} = 0,125,$$

$$y_1 = 0,5 + 0,125 = 0,625,$$
$$y_2 = 0,5 - 0,125 = 0,375.$$

$y_1 = 0,625 \cdot 40,1 = 25,1$ cm ist der Nullinienabstand im spannungslosen Zustand von der Druckseite des Körpers.

An der Druckseite gemessene Zusammendrückung im Mittel $\varepsilon_1 = \frac{1,95}{10\,000}$ bei der Belastung unmittelbar vor der Rißbildung.

Verschiebung der Nullinienlage für diesen Belastungszustand:

$$y_0 = \frac{-\frac{a\varepsilon_1 + b\varepsilon_2}{12}\left\{\frac{0,125^2}{2} + \frac{3}{8} - 4 \cdot 0,125\left(\frac{1}{2} + \frac{1}{4}\right)\right\} + \frac{a\varepsilon_1 - b\varepsilon_2}{12}\left\{(4 \cdot 0,125^2 + 1)\left(\frac{1}{2} + \frac{1}{4}\right) + 0,125\right\}}{\frac{1}{2} + \frac{1}{4} + \left(1 + \frac{1}{2} - 0,09\right)0,031 - \frac{a\varepsilon_1 + b\varepsilon_2}{12}\left\{4\left(\frac{1}{2} + \frac{1}{4}\right) - 0,125\right\} - \frac{a\varepsilon_1 - b\varepsilon_2}{12}\left\{3 \cdot 0,125^2 + 8 \cdot 0,125\right\}}$$

$$= \frac{-(a\varepsilon_1 + b\varepsilon_2) \cdot 0,001 + (a\varepsilon_1 - b\varepsilon_2) \cdot 0,054}{0,786 - (a\varepsilon_1 + b\varepsilon_2)0,230 - (a\varepsilon_1 - b\varepsilon_2)(-0,040)},$$

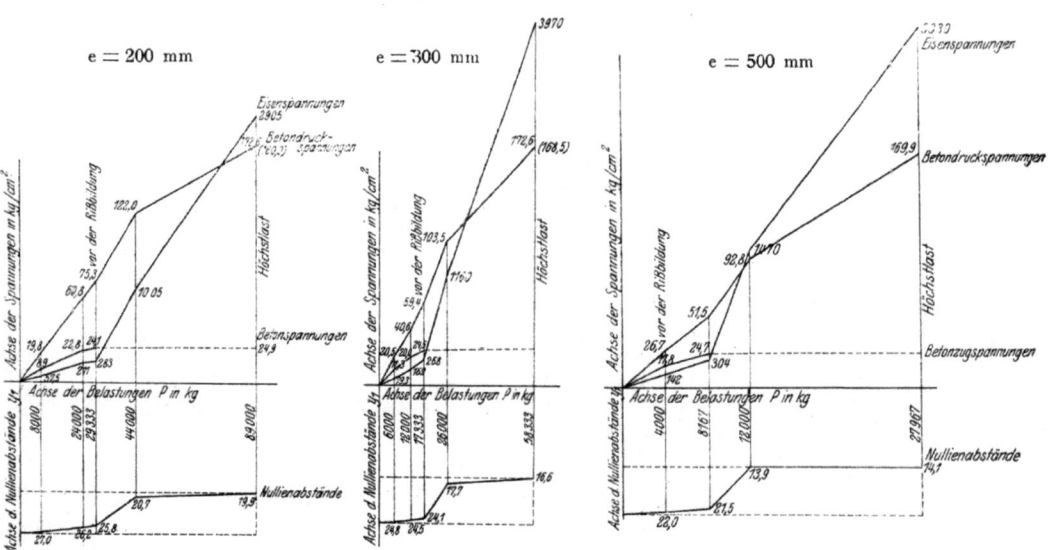

Fig. 21.   Fig. 22.   Fig. 23.

$a = 450,$
$b = 3130,$

$$b \cdot \varepsilon_2 = \frac{b \cdot \varepsilon_1 \cdot y_2}{y_1} = 1875\,\varepsilon_1,$$

$$y_0 = \frac{-79,3\,\varepsilon_1}{0,786 - 592\,\varepsilon_1}; \quad \text{für } \varepsilon_1 = \frac{1,95}{10\,000},$$

$y_0 = -0,023,$
$y_0 = 0,125 - 0,023 = 0,102,$
$y_1 = (0,5 + 0,102) \cdot 40,1 = 24,1$ cm,
$y_2 = 16,0$ „ .

Nach Gleichung (2)

$E_0 \cdot \varepsilon_1 = 65,7,$

$$\varepsilon_1 = \frac{65,7}{311\,000} = \frac{2,11}{10\,000}; \quad \varepsilon_2 = \frac{2,11}{10\,000} \cdot \frac{16,0}{24,1} = \frac{1,40}{10\,000},$$

$\sigma_1 = 65,7\,(1 - 0,045 \cdot 2,11) = 59,4$ kg/cm²,

$$\sigma_2 = \frac{311\,000 \cdot 1,40}{10\,000}\left(1 - \frac{3130 \cdot 1,40}{10\,000}\right) = 24,5 \text{ kg/cm}^2,$$

$$\sigma_e = \frac{1,15 \cdot 1,40}{10\,000} \cdot 2\,150\,000 \cdot \frac{16,0 - 3,6}{16,0}$$
$$= 268 \text{ kg/cm}^2.$$

$$E_0 \cdot \varepsilon_1 = \frac{17\,333 \cdot 24,1}{40,0\left\{\frac{1}{2}(24,1^2 - 16,0^2) - 0,036 \cdot 40,1\,(16,0 - 3,6) - \left(\frac{0,045}{3}24,1^2 - \frac{0,1875}{3} \cdot 16,0^2\right)1,95\right\}}$$

Auf exzentrischem Druck beanspruchte bewehrte Betonkörper nach Fig. 2.
$e = 300$ mm

Belastung in kg	Versuchsergebnisse federnde Dehnungen		Nullinienlage aus den gesamten Dehnungen	Rechnungswerte Dehnungen		Nullinienlage
	ε_1	ε_2		ε_1	ε_2	
6 000	0,000060	0,000034	25,1	0,000068	0,000042	24,8
12 000	0,000125	0,000073	25,0	0,000139	0,000089	24,5
			Rißbildungslast:			
17 333	0,000200	0,000125	24,0	0,000211	0,000140	24,1

Prüfung nach Gleichung (4)
$17\,333 \cdot (24{,}1 + 10{,}0)$

$= \dfrac{311\,000 \cdot 2{,}11 \cdot 40{,}0}{24{,}1 \cdot 10\,000} \cdot \dfrac{1}{3} (24{,}1^3 + 16{,}0^3)$

$- \dfrac{450 \cdot 2{,}11}{4 \cdot 10\,000} 24{,}1^3 - \dfrac{3130 \cdot 1{,}40}{4 \cdot 10\,000} 16{,}0^3$

$+ 0{,}036 \cdot 40{,}1 (16{,}0 - 3{,}6)^2$,

5,91 mt = 5,86 mt.

Diese Prüfung des Rechnungsganges stimmt hinreichend. Werden diese Ergebnisse mit den Versuchsergebnissen einem Vergleiche unterworfen, dann tritt aus obenstehender Tabelle die Tatsache guten Einklanges der aus den Versuchen und mit den nach der vorliegenden statischen Berechnung erhaltenen Werte deutlich in die Erscheinung, so daß gegen die analytisch ermittelten Beton- und Eisenspannungen den tatsächlichen entsprechen werden. Auffallend vor allem ist, daß die Betonzugspannungen nur 24,5 kg/cm² erreichen, gegenüber dem unter Beobachtung des linearen Spannungsgesetzes gefundenen Werte von 35,3 kg/cm². Dieser Wert deckt sich fast mit dem Größtwert nach dem parabolischen Spannungsgesetz 24,9 kg/cm² und steht in Einklang mit den errechneten Zuganstrengungen des Betons unmittelbar vor der Rißbildung bei den unbewehrten Körpern mit exzentrischem Kraftangriff.

2. Höchstbelastung:
$60\,333 - 2000 = 58\,333$ kg.
$y_1 = 0{,}500$,
$\alpha(n-1) f_e = 1{,}2 \cdot 0{,}031 = 0{,}037$.

Nach Gleichung (5a) ist: $\Delta y_1 =$

$$\dfrac{-\dfrac{0{,}5^2}{6}\left(0{,}5+\dfrac{3}{4}\right) + 0{,}037\left(1-0{,}09+\dfrac{1}{4}\right)(1-0{,}09-0{,}5)\left(\dfrac{a\varepsilon_1}{3}+\dfrac{1}{12\,b^2\,\varepsilon_1^2}\right)0{,}5^2\left(0{,}5+\dfrac{1}{4}\right) - \left(\dfrac{a\varepsilon_1}{4}-\dfrac{5}{192\,b^3\,\varepsilon_1^3}\right)}{0{,}5\left(\dfrac{0{,}5}{2}+\dfrac{1}{4}\right) + 0{,}037\left(1-0{,}09+\dfrac{1}{4}\right) - \left(\dfrac{a\varepsilon_1}{3}+\dfrac{1}{12\,b^2\,\varepsilon_1^2}\right)0{,}5\left(3\cdot 0{,}5+\dfrac{2}{4}\right) + \left(\dfrac{a\varepsilon_1}{4}-\dfrac{5}{192\,b^3\,\varepsilon_1^3}\right)\cdot 3\cdot 0{,}5^2}$$

für $\varepsilon_1 = \dfrac{1}{2a} = \dfrac{11{,}11}{10\,000}$ ist $\left(\dfrac{a\varepsilon_1}{3}+\dfrac{1}{12\,b^2\,\varepsilon_1^2}\right) = \dfrac{1}{6} + \dfrac{4 \cdot 450^2}{12 \cdot 3130^2} = 0{,}173$;

$\left(\dfrac{a\varepsilon_1}{4}-\dfrac{5}{192\,b^3\,\varepsilon_1^3}\right) = \dfrac{1}{8} - \dfrac{5 \cdot 8 \cdot 450^3}{192 \cdot 3130^3} = 0{,}124$

und $y_1 = -0{,}085$,
$y_1 = (0{,}500 - 0{,}085) \cdot 40{,}1 = 16{,}6$ cm,
$y_2 = 40{,}1 - 16{,}6 = 23{,}5$ cm,

$E_0 \cdot \varepsilon_1 =$

$\dfrac{58\,333 \cdot 16{,}6}{40{,}0\{16{,}6^2(0{,}5-0{,}173) - 0{,}037 \cdot 40{,}1 \cdot (40{,}1-16{,}6-3{,}6)\}}$,

$E_0 \cdot \varepsilon_1 = 402{,}0$,

$\varepsilon_1 = \dfrac{402{,}0}{311\,000} = \dfrac{12{,}9}{10\,000}$,

$\sigma_1 = 402 \cdot \left(1 - \dfrac{450 \cdot 12{,}9}{10\,000}\right) = 168{,}5$ kg/cm²,

$\sigma_e = \dfrac{1{,}20 \cdot 12{,}90}{10\,000} \cdot 2\,150\,000 \cdot \dfrac{23{,}5-3{,}6}{16{,}6} = 3970$ kg/cm².

Prüfung nach Gleichung (8)
$58\,333 \cdot (16{,}6 + 10) =$
$\dfrac{311\,000 \cdot 12{,}70}{16{,}6 \cdot 10\,000} \cdot 40{,}0 \left\{16{,}6^3\left(\dfrac{1}{3}-0{,}124\right) + 0{,}031 \cdot 40{,}1\right\}$

15,1 mt = 14,96 mt.

Da $\varepsilon_1 > \dfrac{1}{2a} > \dfrac{11{,}11}{10\,000}$ ist, so hätten nach dem Rechnungsgang der Bruch infolge Überschreitung des Höchstwertes der Betonspannung $\sigma_{b_{max}} = 172{,}8$ etwas früher erfolgen müssen.

Auf diese Weise sind die Nullinienlage, Beton- und Eisenspannungen analytisch ermittelt und deren Ergebnisse graphisch vorstehend zusammengestellt worden. Die Richtigkeit der Berechnung des Nullinienabstandes von der Druckseite der Betonkörper wird durch die Versuchs ergebnisse fast bis zur Höchstbelastung vollauf bestätigt, desgleichen zeigen die analytisch ermittelten Zusammendrückungen und Verlängerungen des Betons bis zu der Belastung, wo noch die federnden Dehnungen bei den Versuchen gemessen worden sind, im allgemeinen gute Übereinstimmungen. Auch die Erscheinungen bei der Zerstörung des Körpers, wie sie auf Seite 34 der vorliegenden Forschungsarbeiten mitgeteilt worden sind, bekennen das, was aus den analytischen Ergebnissen zu entnehmen ist:

Bei $e = 200$ mm war die Widerstandsfähigkeit des Betons in der Druckzone für die Höchstlast der Körper maßgebend; bei $e = 300$ mm wurde die Zerstörung der Körper so gut wie gleichzeitig in der Zugzone durch Überschreiten der Streckgrenze des Eisens und in der Druckzone durch Zerstörung des Betons eingeleitet, während bei $e = 500$ mm die Zerstörung ausgeprägt von der Zugzone ausging. Nach den Rechnungsergebnissen wurde kurz vor der Höchstbelastung der Größtwert der Betonspannungen 172,6 kg/cm² und zwar bei $e = 200$ mm etwas früher als bei $e = 300$ mm erreicht; bei $e = 300$ mm und $e = 500$ mm gelangte die Zuganstrengung der Eiseneinlagen bis 3970 bezw. 3930 kg/cm², so daß sicher die Streckgrenze, die nach Zusammenstellung 3, Prüfung des Eisens, mit 3680 kg/cm² im Mittel gefunden wurde, überschritten war.

Auf Grund dieser Feststellung kann nach der analytischen Berechnung auf die bei den Höchstbelastungen auftretenden Beton- und Eisenspannungen ohne Bedenken geschlossen werden. Aus diesen Rechnungsergebnissen erhellt die Tatsache, daß bei einfach bewehrten Betonkörpern, die auf exzentrischen Druck beansprucht werden, die Zug- und Druckanstrengungen des Betons die Größtwerte der Spannungen erreichen, wie sie sich aus der Darstellung der Elastizität des Betons

in dem parabolischen Spannungsgesetz ergeben haben: nämlich für Druck 172,6 kg/cm² und für Zug 24,9 kg/cm². Ging der Bruch von der Zugzone aus, dann wurde die Streckgrenze des Eisens überschritten, die nach der Berechnung sich auf 3950 kg/cm² i. M. stellte, also etwas höher als die durch Zugversuche für Eisen gefundene von 3680 kg/cm².

Vorstehend sind für den Kraftangriff $e = 200$, 300 und 500 mm die Linienzüge der Nullinienabstände, Beton- und Eisenspannungen dargestellt worden. Für $1/4$ der Bruchlast als zulässige Belastungen ergeben sich hiernach folgende Beanspruchungen des Betons und des Eisens:

Bewehrte Betonkörper nach Fig. 2.

e mm	Höchstlast in kg	Zulässige Belastung bei	σ_{b1} kg/cm²	σ_{l2} kg/cm²	σ_e kg/cm²
200	89 000	22 000	55	21,1	193
300	58 300	14 600	50	22,3	219
500	27 967	7 000	44,5	22,8	259

Würde nun eine bestimmte Spannung als zulässig bezeichnet werden, dann würde der Sicherheitsgrad für die verschiedene Exzentrizität des Kraftangriffes ein anderer sein. Es liegt in der Eigenart der Elastizität des Betons im schroffen Gegensatz zum Eisen begründet, daß der Maßstab für die Sicherheit der Eisenbetonkonstruktionen nicht die zulässige Spannung ist, sondern daß von der Bruchlast ausgegangen werden muß, um ihren Sicherheitsgrad festzulegen. Dazu reichen die weiter oben entwickelten Formeln aus.

B. Betonkörper mit Bewehrung in der Zug- und Druckzone.

4. Analytische Ermittelung der Nullinienlage, der Beton- und Eisenspannungen.

a) Bei vollem, wirksamem Querschnitt bis zur Rißbildung:

Die Gleichung der Spannungsnullinien ist nach III, 3 und nebenstehender Skizze:

$$y_1 + e = \frac{J_n}{S_n} = \frac{B\left\{\int_0^{y_1} y^2\,dy\left(1 - \frac{a \cdot y}{\varrho}\right) + \int_0^{y_2} y^2\,dy\left(1 - \frac{b \cdot y}{\varrho}\right) + \alpha(n-1)f_e(y_1-a)^2 + \alpha(n-1)f_e(y_2-a)^2\right\}}{B\left\{\int_0^{y_1} y\,dy\left(1 - \frac{a \cdot y}{\varrho}\right) + \int_0^{y_2} y\,dy\left(1 - \frac{b \cdot y}{\varrho}\right) + \alpha(n-1)f_e(y_1-a) - \alpha(n-1)f_e(y_2-a)\right\}}$$

$$y_1 + e = \frac{\frac{1}{3}(y_1^3 + y_2^3) - \frac{a\,\varepsilon_1}{4}y_1^3 - \frac{b\,\varepsilon_2}{4}y_2^3 + \alpha(n-1)f_e(y_1-a)^2 + (y_2-a)^2}{\frac{1}{2}(y_1^2 - y_2^2) - \frac{a\,\varepsilon_1}{4}y_1^2 + \frac{b\,\varepsilon_2}{4}y_2^2 + \alpha(n-1)f_e\{y_1 - y_2\}}$$

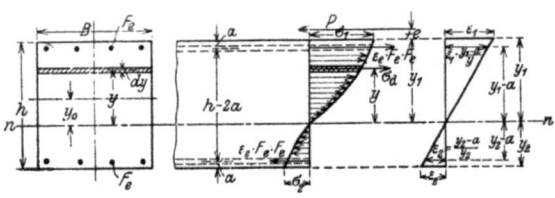

Fig. 24.

$$y_1 = \frac{1}{2} + y_0; \qquad y_2 = \frac{1}{2} - y_0.$$

$$\frac{\frac{1}{2} + e + y_0}{= \frac{\frac{1}{12} + y_0^2 + 2\alpha(n-1)f_e\left\{y_0^2 + \left(\frac{1}{2} - a\right)^2\right\} - \frac{a\varepsilon_1 + b\varepsilon_2}{4}\left(\frac{3}{2}y_0^2 + \frac{1}{8}\right) - \frac{a\varepsilon_1 - b\varepsilon_2}{4}\left(y_0^3 + \frac{3}{4}y_0\right)}{y_0 + 2\alpha(n-1)f_e y_0 - \left(\frac{a\varepsilon_1 + b\varepsilon_2}{3}\right)y_0 - \frac{a\varepsilon_1 - b\varepsilon_2}{3}\left(y_0^2 + \frac{1}{4}\right)}} \quad . \text{(7)}$$

Besteht die Gültigkeit des linearen Spannungsgesetzes, dann ist

$$\left.\begin{array}{l} y_0' = \dfrac{\frac{1}{12} + \left(\frac{1}{2} - a\right)^2 \cdot \alpha(n-1)f_e}{\left(\frac{1}{2} + e\right)(1 + \alpha \cdot 2n - 1])f_e} \\ y_0 = y_0' + \Delta y_0 \end{array}\right\} \quad \ldots \ldots \ldots \text{(7a)}$$

$$\Delta y_0 = \frac{-\dfrac{a\varepsilon_1 + b\varepsilon_2}{12}\left\{\dfrac{y_0'^2}{2} - 4y_0'\left(\dfrac{1}{2} + e\right) + \dfrac{3}{8}\right\} + \dfrac{a\varepsilon_1 - b\varepsilon_2}{12}\left\{(4y_0'^2 + 1)\left(\dfrac{1}{2} + e\right) + y_0'\left(y_0'^2 - \dfrac{5}{4}\right)\right\}}{\left(\dfrac{1}{2} + e\right)(1 + 2\alpha(n-1)f_e) - \dfrac{a\varepsilon_1 + b\varepsilon_2}{12}\left\{4\left(\dfrac{1}{2} + e\right) - y_0'\right\} - \dfrac{a\varepsilon_1 - b\varepsilon_2}{12}\left\{3y_0'^2 + 8y_0'\left(\dfrac{1}{2} + e\right) - \dfrac{5}{4}\right\}}$$

(7b)

$$E_0 \cdot \varepsilon_1 = \frac{P \cdot y_1}{B\left\{\dfrac{1}{2}(y_1^2 - y_2^2) - \dfrac{a\varepsilon_1}{3}y_1^3 + \dfrac{b\varepsilon_2}{3}y_2^3 + \alpha(n-1)f_e(y_1 - y_2)\right\}} \quad \ldots \text{(8)}$$

$$\left.\begin{array}{l} \sigma_1 = E_0 \cdot \varepsilon_1(1 - a \cdot \varepsilon_1) \\ \sigma_2 = E_0 \cdot \varepsilon_2(1 - b \cdot \varepsilon_2) \\ \varepsilon_2 = \dfrac{\varepsilon_1 \cdot y_2}{y_1} \end{array}\right\} \quad \ldots \text{(8a)} \qquad \left.\begin{array}{l} \sigma_{e1} = \alpha \cdot E_e \cdot \varepsilon_1 \cdot \dfrac{y_1 - a}{y_1} \\ \sigma_{e2} = \alpha \cdot E_e \cdot \varepsilon_2 \cdot \dfrac{y_2 - a}{y_2} \end{array}\right\} \alpha = 1{,}15 \ldots \text{(9)}$$

Zur Prüfung der Ergebnisse dient:

$$P \cdot (y_1 + e) = \frac{E_0}{\varrho} \cdot J_n \quad \ldots \ldots \ldots \ldots \ldots \ldots \text{(10)}$$

b) Bei wirksamem Querschnitt zwischen Rißbildungs- und Bruchbelastung:

Nach vorstehendem wird die Lage der Spannungsnullinie bestimmt:

$$y_1 + e = \frac{y_1^3\left(\dfrac{1}{3} - \dfrac{a\varepsilon_1}{4} + \dfrac{5}{192 b^3 \varepsilon_1^3}\right) + \alpha(n-1)f_e\left\{(y_1 - a)^2 + (1 - y_1 - a)^2\right\}}{y_1^2\left(\dfrac{1}{2} - \dfrac{a\varepsilon_1}{3} - \dfrac{1}{12 b^2 \varepsilon_1^2}\right) + \alpha(n-1)f_e(2y_1 - 1)} \quad \ldots \text{(11)}$$

$$\Delta y_1 = \frac{y_1 = y_1' + \Delta y_1}{y_1\left(\frac{y_1}{2} + e\right) + \alpha(n-1)f_e\{1-2a+e-y_1(1+2e)\} + y_1{}^2(y_1+e)\left(\frac{a\varepsilon_1}{3} + \frac{1}{12b^2\varepsilon_1{}^2}\right) - \left(\frac{a\varepsilon_1}{4} - \frac{5}{192b^3\varepsilon_1{}^3}\right)y_1{}^3}{y_1\left(\frac{y_1}{2}+e\right)+\alpha(n-1)f_e(1+2e)-y_1(3y_1+2e)\left(\frac{a\varepsilon_1}{3}+\frac{1}{12b^2\varepsilon_1{}^2}\right)+3y_1{}^2\left(\frac{a\varepsilon_1}{4}-\frac{5}{192b^3\varepsilon_1{}^3}\right)}$$ (11a

$$E_0 \cdot \varepsilon_1 = \frac{P \cdot y_1}{B\left\{y_1{}^2\left(\frac{1}{2} - \frac{a\varepsilon_1}{3} - \frac{1}{12b^2\varepsilon_1{}^2}\right) + \alpha(n-1)f_e(2y_1-1)\right\}} \quad \ldots \ldots \quad (12$$

$$\left.\begin{array}{l}\sigma_1 = E_0 \cdot \varepsilon_1 (1-a\cdot\varepsilon_1)\\ \sigma_2 = 24{,}9 \text{ kg/cm}^2\end{array}\right\} \quad \ldots \quad (12a)$$

$$\left.\begin{array}{l}\sigma_{e_1} = \alpha \cdot \varepsilon_1 \cdot E_e \cdot \dfrac{y_1-a}{y_1}\\ \sigma_{e_2} = \alpha \cdot \varepsilon_2 \cdot E_e \cdot \dfrac{y_2-a}{y_2}\end{array}\right\} \alpha = 1{,}20 \quad (12b)$$

$h = 40{,}2$ cm,
$B = 40{,}1$,,
$a = 3{,}8$,,
$f_e = 15{,}25$ cm^2,

Belastung $P = 26\,000 - 2000 = 24\,000$ kg.

In die Formeln einzusetzen sind für

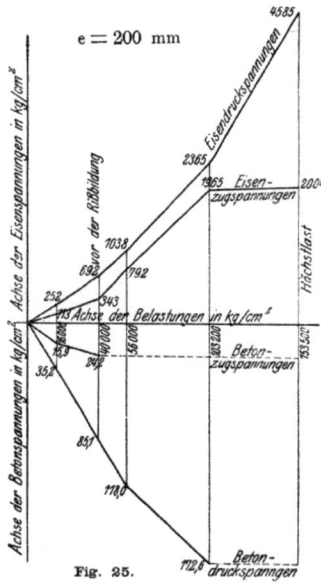

Fig. 25.

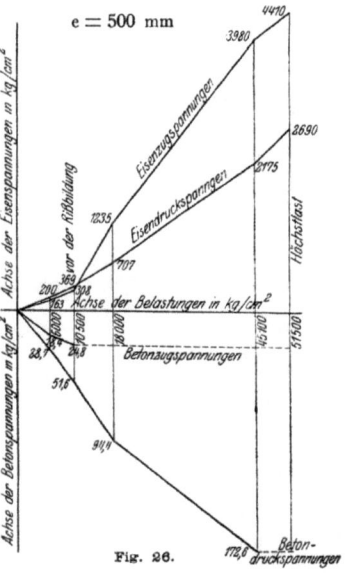

Fig. 26.

Untenstehend sind die Werte für die Beton- und Eisenspannungen, die für die bewehrten Körper mit Eisen $d = 22$ mm bei exzentrischem Kraftangriff $e = 200$ und 500 mm nach vorstehenden Formeln ermittelt sind, graphisch zusammengestellt. An folgendem Beispiel soll der Rechnungsgang erläutert werden:

Exzentrizität des Kraftangriffes

$e = 300$ mm.

Nach Zusammenstellung 19 der Forschungsarbeiten ergeben sich folgende Mittelwerte für die Querschnittabmessungen

$a = \dfrac{3{,}8}{40{,}2} = 0{,}094$;

$e = \dfrac{100}{400} = \dfrac{1}{4}$;

$n = \dfrac{E_e}{E_0} = \dfrac{2\,150\,000}{311\,000} = 6{,}92.$

Vor der Rißbildung bei niederen Belastungen:

$\alpha \cdot (n-1)f_e$

$= \dfrac{1{,}15 \cdot 5{,}92 \cdot 15{,}25}{40{,}2 \cdot 40{,}1} = 0{,}064.$

Nach der Rißbildung bei höheren Belastungen

$$\alpha(n-1)f_e = \frac{1{,}20 \cdot 5{,}92 \cdot 15{,}25}{40{,}2 \cdot 40{,}1} = 0{,}067.$$

Nach Gl. (7a):

$$y_0' = \frac{\frac{1}{12} + \left(\frac{1}{2} - 0{,}094\right)^2 \cdot 0{,}064}{\left(\frac{1}{2} + \frac{1}{4}\right)(1 + 2 \cdot 0{,}064)} = 0{,}11,$$

$$y_1 = 0{,}5 + 0{,}11 = 0{,}61.$$

$$\Delta y_0 = $$

$$= \frac{-\frac{a\,\varepsilon_1 + b\,\varepsilon_2}{12}\left\{\frac{0{,}11^2}{2} - 4 \cdot 0{,}11\left(\frac{1}{2} + \frac{1}{4}\right) + \frac{3}{8}\right\} + \frac{a\,\varepsilon_1 - b\,\varepsilon_2}{12}\left\{(4 \cdot 0{,}11^2 + 1)\left(\frac{1}{2} + \frac{1}{4}\right) + 0{,}11\left(0{,}11^2 - \frac{5}{4}\right)\right\}}{\left(\frac{1}{2} + \frac{1}{4}\right)(1 + 2 \cdot 0{,}064) - \frac{a\,\varepsilon_1 + b\,\varepsilon_2}{12}\left\{4 \cdot \left(\frac{1}{2} + \frac{1}{4}\right) - 0{,}11\right\} - \frac{a\,\varepsilon_1 - b\,\varepsilon_2}{12}\left\{3\,y_0^2 + 8 \cdot 0{,}11\left(\frac{1}{2} + \frac{1}{4}\right) - \frac{5}{4}\right\}}$$

$$= \frac{-(a\,\varepsilon_1 + b\,\varepsilon_2) \cdot 0{,}0043 + (a\,\varepsilon_1 - b\,\varepsilon_2) \cdot 0{,}054}{0{,}846 - (a\,\varepsilon_1 + b\,\varepsilon_2) \cdot 0{,}241 + (a\,\varepsilon_1 - b\,\varepsilon_2) \cdot 0{,}046}.$$

$a = 450; \quad b = 3130;$

$b\,\varepsilon_2 = 3130 \cdot \varepsilon_1 \cdot \dfrac{1 - 0{,}61}{0{,}61} = 2000\,\varepsilon_1$

$= \dfrac{-94{,}5\,\varepsilon_1}{0{,}846 - 661\,\varepsilon_1};$ für $\varepsilon_1 = \dfrac{2{,}60}{10\,000}$ ist

$\Delta y_0 = -0{,}037,$

$y_1 = (0{,}610 - 0{,}037) \cdot 40{,}2 = 23{,}0,$

$y_2 = 40{,}2 - 23{,}1 = 17{,}2.$

Nach Gl. (8):

$$E_0 \cdot \varepsilon_1 = \frac{24\,000 \cdot 23{,}0}{40{,}1\left\{\frac{1}{2}(23{,}0^2 - 17{,}2^2) + 0{,}067 \cdot 40{,}2\,(23{,}0 - 17{,}2) - \frac{450 \cdot 2{,}5}{3 \cdot 10\,000} \cdot 23{,}0^2 + \frac{2000 \cdot 2{,}5}{3 \cdot 10\,000}\right\}},$$

$E_0 \cdot \varepsilon_1 = 84{,}8,$

$\varepsilon_1 = \dfrac{84{,}8}{311\,000} = \dfrac{2{,}72}{10\,000},$

$\varepsilon_2 = \dfrac{2{,}72}{10\,000} \cdot \dfrac{17{,}2}{23{,}0} = \dfrac{2{,}03}{10\,000},$

$\sigma_{b1} = 84{,}8 \cdot \left(1 - \dfrac{450 \cdot 2{,}72}{10\,000}\right) = 74{,}3\ \text{kg/cm}^2,$

$\sigma_{b2} = \dfrac{311\,000 \cdot 2{,}03}{10\,000}\left(1 - \dfrac{3130 \cdot 2{,}03}{10\,000}\right) = 23{,}2\ \text{kg/cm}^2.$

Nach Gl. (9):

$$\sigma_{e1} = \frac{1{,}15 \cdot 2{,}72 \cdot 2\,150\,000}{10\,000 \cdot 23{,}0} \cdot (23{,}0 - 3{,}8) = 562\ \text{kg/cm}^2,$$

$$\sigma_{e2} = \frac{1{,}15 \cdot 2{,}93 \cdot 2\,150\,000}{10\,000 \cdot 17{,}2} \cdot (17{,}2 - 3{,}8) = 391\ \text{kg/cm}^2.$$

Zur Prüfung der Ergebnisse dient Gl. (10):

$24\,000 \cdot (23{,}0 + 10{,}0)$

$= \dfrac{311\,000 \cdot 2{,}72}{23{,}0 \cdot 10\,000} \cdot 40{,}1\left\{\dfrac{1}{3}(23{,}1^3 + 17{,}1^3)\right.$

$\left. - \dfrac{450 \cdot 2{,}67}{4 \cdot 10\,000} \cdot 23{,}1^3 - \dfrac{3130 \cdot 1{,}97}{4 \cdot 10\,000} \cdot 17{,}1^3\right.$

$\left. + 0{,}064 \cdot 40{,}2\,(19{,}3^2 - 13{,}3^2)\right\},$

$7{,}92\ \text{mt} = 7{,}81\ \text{mt}.$

Die Probe genügt für die Richtigkeit der Rechnungsergebnisse.

Werden (s. Tabelle) die bei den Versuchen gemessenen federnden Zusammendrückungen und Verlängerungen an der Druck- und Zugseite der

a) **Auf exzentrischen Druck beanspruchte bewehrte Betonkörper** (d = 8 ⌀ 16 mm).
e = 100 mm.

Belastung in kg	Versuchsergebnisse		Nullinienlage aus den gesamten Dehnungen	Rechnungswerte		
	federnde Dehnungen			Dehnungen		Nullinienlage
	ε_1	ε_2		ε_1	ε_2	
26 000	0,000 125	0,000 016	34,5	0,000 125	0,000 026	33,2
86 000	0,000 475	0,000 078	33,7	0,000 458	0,000 104	32,7
Rißbildungslast:						
126 000	0,000 770	—	32,8	0,000 724	0,000 175	32,1

Betonkörper nach Abb. 4 und die Nullinienlage mit den nach den analytischen Berechnungen sich ergebenden Werten einem Vergleiche unterzogen, so ist im allgemeinen eine gute Übereinstimmung zu erkennen, so daß die berechneten Spannungen als zutreffend bis zur Rißbildungslast anzusehen sind. Auch hier bei den graphischen Darstellungen Fig. 25 u. 26 tritt bei der Rißbildung klar die Erscheinung wieder hervor, daß die Zugfestigkeit des Betons einen fast gleichen Wert wie die Maximalspannung nach dem parabolischen Spannungsgesetz 24,9 kg/cm² ergibt. Sowohl die Betonspannungen wie vor allem auch die Eisenspannungen zeigen schon bei niedrigen Belastungen beachtenswerte Unterschiede, die aufs deutlichste zeigen, daß die Gültigkeit des Hookschen Gesetzes für den Eisenbeton nicht zutrifft; keineswegs wird den tatsächlich auftretenden Spannungen des Eisens Rechnung getragen, wenn bei allen Belastungsfällen für das Elastizitätsmodulverhältnis des Eisens zum Beton eine feste Zahl n zugrunde gelegt wird.

2. Die Höchstbelastung für $\sigma_{b\,max} = 172{,}6$ kg/cm² tritt für $\varepsilon_1 = \frac{1}{2a} = \frac{1}{900} = \frac{11{,}11}{10\,000}$ ein.

Nach Gl. (11a) wird dann:
$$y_1 = 0{,}500,$$

$$\Delta y_1 = \frac{-\frac{0{,}52}{6}(0{,}5+3\cdot0{,}25)+0{,}067\{1-0{,}188-0{,}250-0{,}5(1+2\cdot0{,}25)\}+0{,}5^2(0{,}5+0{,}25)\left(\frac{a\varepsilon_1}{3}+\frac{1}{12 b^2 \cdot \varepsilon_1^2}\right)-0{,}5^3\left(\frac{a\varepsilon_1}{4}-\frac{5}{192 b^3 \cdot \varepsilon_1^3}\right)}{0{,}5\left(\frac{0{,}5}{2}+0{,}25\right)+0{,}067(1+2\cdot0{,}25)-0{,}5(3\cdot0{,}5+2\cdot0{,}25)\left(\frac{a\varepsilon_1}{3}+\frac{1}{12 b^2 \cdot \varepsilon_1^2}\right)+3\cdot0{,}5^2\left(\frac{a\varepsilon_1}{4}-\frac{5}{192 b^3 \cdot \varepsilon_1^3}\right)}$$

$$\Delta y_1 = \frac{-0{,}031+\left(\frac{a\varepsilon_1}{3}+\frac{1}{12 b^2 \varepsilon_1^2}\right)0{,}188-\left(\frac{a\varepsilon_1}{4}-\frac{5}{192 b^3 \varepsilon_1^3}\right)0{,}125}{+0{,}350-\left(\frac{a\varepsilon_1}{3}+\frac{1}{12 b^2 \varepsilon_1^2}\right)1{,}000+\left(\frac{a\varepsilon_1}{4}-\frac{5}{192 b^3 \varepsilon_1^3}\right)0{,}750}$$

$\frac{a\varepsilon_1}{3}+\frac{1}{12 b^2 \varepsilon_1^2} = 0{,}173,$

$\frac{a\varepsilon_1}{4}+\frac{5}{192 b^3 \varepsilon_1^3} = 0{,}124,$

$\Delta y_1 = 0{,}052,$
$y_1 = (0{,}500 - 0{,}052) \cdot 40{,}2 = 18{,}0$ cm,
$y_2 = 40{,}2 - 18{,}0 = 22{,}2$ cm.

Nach Gl. (12):
$P_{max} = \frac{311\,000 \cdot 11{,}11}{18{,}0 \cdot 10\,000} \cdot 40{,}1 \{18{,}0^2(0{,}5-0{,}173)$
$\qquad + 0{,}067 \cdot 40{,}2 \cdot (2 \cdot 18{,}0-40{,}2)\},$

$P_{max} = 73\,000$ kg,

$\varepsilon_1 = \frac{11{,}11}{10\,000}; \quad \sigma_b = 172{,}6$ kg/cm²,

$\sigma_{e1} = \frac{1{,}2 \cdot 11{,}11}{10\,000} \cdot 2\,150\,000 \cdot \left(\frac{18{,}0-3{,}8}{18{,}0}\right) = 2260$ kg/cm²,

$\sigma_{e2} = \frac{1{,}2 \cdot 11{,}11}{10\,000} \cdot 2\,150\,000 \cdot \frac{22{,}2-3{,}8}{18{,}0} = 2930$ kg/cm².

Prüfung der Ergebnisse:
$73\,000\,(18{,}0+10{,}0)$
$= \frac{311\,000 \cdot 11{,}11}{18{,}0 \cdot 10\,000} \cdot 40{,}1 \{(0{,}333-0{,}124) \cdot 18{,}0^3$
$\qquad + 0{,}067 \cdot 40{,}2\,(14{,}2^2+18{,}4^2)\},$

$20{,}44$ mt $= 20{,}56$ mt.

Die Prüfung stimmt gut.

Der Bruch des Körpers erfolgte erst bei der Belastung $P = 103\,000$ kg. Würde der Körper als Querbewehrung keine Spiral-, sondern einfache Bügelbewehrung haben, dann hätte der Bruch früher, als die höchste Druckfestigkeit des Betons erreicht war, also bei 73 000 kg eintreten müssen. Der Belastungsunterschied

$P' = 103\,000$ kg $- 73\,000$ kg $= 30\,000$ kg

ist von den Eiseneinlagen allein nach den weiter oben ausgeführten Erörterungen aufzunehmen. Die Umschnürung wird mit dem 2,4 fachen Werte als Längsbewehrung eingesetzt. Die Spiralbewehrung bestand aus schraubenförmigen Wicklungen von 5 mm Rundeisen und 70 mm Steigung nach Seite 4 der Forschungsarbeiten, es ist

$F_{ed} = 15{,}25 + 2{,}4 \cdot 4 \cdot \frac{32{,}6 \cdot 0{,}20}{7{,}0}$
$\qquad = 15{,}25 + 8{,}95 = 24{,}2$ cm²,

$D_e = \frac{30\,000 \cdot 46{,}4}{32{,}6} = 42\,700$ kg.

$Z_e = 42\,700 - 30\,000 = 12\,700$ kg,

$\sigma_{e1} = 2260 + \frac{42\,700}{24{,}2} = 4025$ kg/cm².

$\sigma_{e2} = 2930 + \frac{12\,700}{15{,}25} = 3765$ kg/cm².

Nach den Mitteilungen der Forschungsarbeiten auf S. 81 ging bei der Höchstbelastung die Zerstörung des Körpers nach Abb. 7 bei $\varepsilon = 100$ mm, 200 mm und $\varepsilon = 300$ mm von der Druckzone aus, indem die Quetschgrenze der Eiseneinlagen überschritten wurde; bei $\varepsilon = 500$ mm wurde die Zerstörung durch die Erreichung der Streckgrenze der Eiseneinlagen in der Zugzone eingeleitet. Diese Beobachtungen bestätigen die nebenstehenden analytischen Rechnungsergebnisse. Deutlich ist auch der Einfluß der Umschnürung nach nebenstehender graphischer Darstellung zu

Beton- und Eisenspannungen der bewehrten Betonkörper bei den Höchstlasten.

1. Abb. 7. 8 ⌀ 22 mm.

e	Höchstlast in kg ohne und mit Einfluß der Umschnürung	Spannungen in kg/cm²			
		σ_{b1}	σ_{b2}	σ_{e1}	σ_{e2}
100	171 000	172,6	24,9	2530	385
	221 000			4265	—168
200	103 200	172,6	24,9	2365	1965
	153 500			4585	2004
300	73 000	172,6	24,9	2260	2930
	103 000			4025	3765
500	45 100	172,6	24,9	2175	3980
	51 500			2690	4410

2. Abb. 4. 8 ⌀ 16 mm.

e	Höchstlast	σ_{b1}	σ_{b2}	σ_{e1}	σ_{e2}
100	156 500	172,6	24,9	2585	447
	198 500			4660	—414
200	87 100	172,6	24,9	2235	2460
	119 333			4200	2875
300	61 000	172,6	24,9	2255	3785
	67 600			2745	3970
500	30 350	168,1	24,9	749	4420
	—				

erkennen. Je größer die Exzentrizität wird, je mehr also die Biegungsbeanspruchung in den Vordergrund tritt, desto näher rückt die Belastung für die Größtanstrengung des Betons an die Höchstlast. Allerdings sind die errechneten Eisenanstrengungen alle reichlich groß für den Bruchzustand, so daß aus dieser Erscheinung geschlossen werden kann, daß im allgemeinen die aus den Versuchen gewonnenen Höchstlasten sich nach der analytischen Berechnung bei Zulassung der Quetschgrenze von 3800 kg/cm² etwas kleiner ergeben werden.

Auch die Beobachtungen über den Vorgang bei der Zerstörung der Versuchskörper nach Abb. 4, die auf Seite 34 der Forschungsarbeiten mitgeteilt sind, besagen dasselbe, was aus den analytischen Ermittlungen nach vorstehender Zusammenstellung folgern läßt. Bei e = 100 mm und e = 200 mm war die Widerstandsfähigkeit in der Druckzone für die Größe der Höchstlast maßgebend; bei e = 300 mm und e = 500 mm ging die Zerstörung durch Überschreiten der Streckgrenze der Eiseneinlagen von der Zugzone aus. Bemerkenswert ist, daß bei e = 500 mm schon vor Erreichung der Druckfestigkeit des Betons durch die Höchstbelastung die Streckgrenze der 16 mm starken Zugeisen erreicht wird, so daß die Umschnürung keinen Einfluß mehr hat.

Nachstehende Skizze zeigt die Linienzüge der Beton- und Eisenspannungen der bewehrten Betonkörper nach Fig. 7 für den exzentrischen Kraftangriff e = 200 und 500 mm.

Ist der Sicherheitsgrad der in der Druck- und Zugzone bewehrten, umschnürten Betonkörper zu

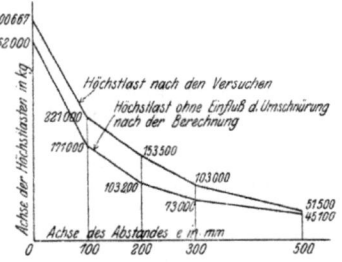

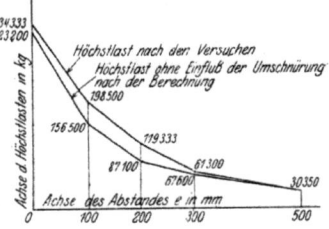

Fig. 27.

bestimmen, so ist von der Höchstlast auszugehen. Wird als zulässige Belastung $\frac{1}{4}$ der Bruchlast, also 4fache Sicherheit gewählt, dann zeigen die für diese Belastungen zusammengestellten Tabellen:

Beton- und Eisenspannungen der bewehrten Betonkörper bei der zulässigen Belastung = $\frac{1}{4}$ der Bruchlast:

Betonkörper nach Abb. 7 u. 8.

Eisen d = 22 mm.

e mm	Zulässige Belastung P in kg	σ_{b_d} kg/cm²	σ_{b_z} kg/cm²	σ_{e_d} kg/cm²	σ_{e_z} kg/cm²
100	55 250	71,1	13,5	601	70,1
200	38 400	81,8	24,9	663	328
	Rißbildungslast:				
300	24 000 (25 750)	74,3	24,9	562	391
500	10 500 (12 875)	51,6	24,8	369	308

Betonkörper nach Abb. 4.
8 Eisen d = 16 mm.

e mm	Zulässige Belastung P in kg	σ_{b_d} kg/cm²	σ_{b_z} kg/cm²	σ_{e_d} kg/cm²	σ_{e_z} kg/cm²
100	45 600	66,6	13,1	573	69,5
200	29 830	69,8	24,4	542	267
300	16 900	53,0	23,2	395	260
500	7 590	37,5	22,1	254	218

daß sowohl die Betonzug- und Betondruckspannungen, wie auch die Eisenzug- und Eisendruckspannungen sich bei der gewählten 4 fachen Sicherheit gegen Bruch sehr stark unterscheiden. Die zulässigen Spannungen bilden also keineswegs einen Maßstab für die Sicherheit der Eisenbetonkörper, vielmehr ist von der Bruchbelastung auszugehen, um durch Einführung eines Sicherheitsgrades die Gewähr zu bekommen, daß die Eisenbetonkörper tatsächlich die erforderliche Sicherheit gegen Zerstörung besitzen. Mit den weiter oben entwickelten Formeln ist die Höchstbelastung zu ermitteln. Erstere lassen sich auf eine einfachere Form bringen, sobald ein bestimmter Spannungszustand des Betons, wie in diesem Falle, dessen Größtanstrengung festgelegt ist.

Schlußbemerkung.

Die vorliegenden Versuche von C. Bach und O. Graf mit bewehrten und unbewehrten Betonkörpern, die auf zentrischen und exzentrischen Druck belastet wurden, geben ein sehr wertvolles Material für die Beurteilung des bewehrten und unbewehrten Betons in seinem elastischen Verhalten als Baustoff bis zur Höchstbelastung.

Konnte aus den Versuchsergebnissen für die zentrische Belastung der Betonprismen nachgewiesen werden, daß sowohl für die Zug- und Druckelastizität des Betons vor allem bei den höheren Betonanstrengungen das parabolische Spannungsgesetz bei weitem am besten zutrifft, so zeigten die Untersuchungen der gleichen Art mit den Betonkörpern, daß für die Druckelastizität der bewehrten und unbewehrten Betonkörper ein gleiches parabolisches Spannungsgesetz aufzustellen war, dessen Spannungsgrößtwert mit der durchschnittlichen aus der Bruchbelastung hergeleiteten Spannung sich deckte. Beide für die Zug- und Druckelastizität des Betons gefundenen Spannungsgesetze ergaben die gleichen Elastizitätszahlen für den belastungslosen Zustand.

Es durfte daher ohne Bedenken die Gültigkeit des ermittelten parabolischen Spannungsgesetzes für die Berechnung der Spannungen ausgesprochen werden. Die durchschnittlichen guten Übereinstimmungen der Versuchsergebnisse mit den analytischen Ermittlungen: die im durchaus zutreffenden Einklang zueinander stehenden gefundenen federnden Dehnungen bis zu den bei den Versuchen vorgenommenen Messungen, insbesondere die Lage der Nullinie fast bis zur Höchstbelastung, lassen die Schlußfolgerung zu, daß die Voraussetzung der dargelegten statischen Berechnung, insbesondere die Gültigkeit des parabolischen Spannungsgesetzes und das Ebenbleiben der Querschnitte nach eingetretener Formänderung für die Beurteilung der auftretenden Beton- und Eisenspannungen der bewehrten und unbewehrten Betonkörper ausreichend zutreffen.

Als beachtenswerte Erscheinungen treten nach den analytischen Ermittlungen auf, daß sich als Größtwerte der Druck- und Zuganstrengungen des Betons immer wieder fast gleich große Werte ergeben, die den aus den parabolischen Spannungsgesetzen hergeleiteten Maximalspannungen für Druck 172,6 kg/cm² und Zug 24,9 kg/cm² entsprechen; es kann somit auch von einer vorhandenen Elastizitätsgrenze bei dem Beton und Eisenbeton als Baustoff gesprochen werden. In völliger Übereinstimmung mit den bei den Versuchen gemachten Beobachtungen lassen die analytischen Ermittlungen erkennen, ob die Zerstörung der Körper von der Druck- oder Zugzone ausging.

Was den Sicherheitsgrad der auf zentrischen und exzentrischen Kraftangriff beanspruchten bewehrten und unbewehrten Betonkörper betrifft, so ist für dessen Beurteilung nicht die zulässige Beton- oder Eisenspannung maßgebend, sondern es muß von der Höchstbelastung der Betonkörper, die zum Bruche führt, ausgegangen werden, um durch die Festlegung einer zulässigen Belastung die zu verlangende Sicherheit zu erreichen. Die aufgestellte analytische Berechnung gibt die Mittel hierzu an die Hand.

Dieser Abhandlung, die bereits kurz nach der Veröffentlichung der vorliegenden Versuche „Forschungsarbeiten Heft 166—169" Ende 1914 begonnen wurde und deren endgültige Fertigstellung infolge baldiger Einberufung des Verfassers zum Heeresdienste zurückgestellt werden mußte, liegt der von Herrn Prof. Dr.-Ing. Gehler immer wieder betonte Gedanke zugrunde, daß die Versuche des Deutschen Ausschusses für Eisenbeton für weitere Studien eine Fundgrube bedeuten, deren Ausbeute noch manche wissenschaftliche Erkenntnis erhoffen läßt.

Gemäß den dankenswerten Anregungen von Herrn Prof. Dr.-Ing. Gehler sollte nun die vorstehende Arbeit cazu beitragen, den Beton- und Eisenbeton bei achsialem Druck mit und ohne Biegungsbeanspruchung in seinem elastischen Verhalten als Baustoff bis zum Bruche zu erforschen, um unter dem Eindruck umfangreichen Versuchsmaterials eine möglichst einwandfreie Beurteilung der Widerstandsfähigkeit solcher Körper herbeizuführen.

MIX
Papier aus verantwortungsvollen Quellen
Paper from responsible sources
FSC® C105338

If you have any concerns about our products,
you can contact us on
ProductSafety@springernature.com

In case Publisher is established outside the EU,
the EU authorized representative is:
**Springer Nature Customer Service Center GmbH
Europaplatz 3, 69115 Heidelberg, Germany**

Printed by Libri Plureos GmbH
in Hamburg, Germany